Gallium Nitride-enabled High Frequency and High Efficiency Power Conversion

基于氮化镓的高频高效功率转换技术

戈登齐奥·梅内盖索(Gaudenzio Meneghesso)

马泰奥·梅内吉尼(Matteo Meneghini)　主编

恩里科·扎诺尼(Enrico Zanoni)

郑雪峰　马晓华　何云龙　　译

西安电子科技大学出版社

内 容 简 介

本书共 8 章，主要内容包括 GaN 体单晶衬底和 Si 基 GaN 外延、横向 GaN 基 HEMT 器件及其结构、垂直型 GaN 基电力电子晶体管、GaN 基功率器件的可靠性、GaN 基功率器件的鲁棒性验证、寄生效应对 GaN 基功率转换器的影响、GaN 基 AC/DC 功率转换器、GaN 基开关模式功率放大器等。本书内容涵盖范围广，从材料生长到器件制造、从特性分析到鲁棒性验证、从电路设计到系统应用，层次清晰且系统性较强，可读性较高；其内容具有一定的前瞻性与先进性，所涉及的技术领域与工艺水平均为目前国际主流。

本书可作为微电子、电子信息工程、电气工程等专业的本科生以及相关专业的研究生教材，也可以供从事半导体器件设计、器件可靠性分析、电力电子系统开发的工程技术人员参考。

图书在版编目（CIP）数据

基于氮化镓的高频高效功率转换技术 / 郑雪峰，马晓华，何云龙译著；(意)戈登齐奥·梅内盖索，(意)马泰奥·梅内吉尼，(意)恩里科·扎诺尼主编. -- 西安：西安电子科技大学出版社，2024. 8. -- ISBN 978-7-5606-7313-4

Ⅰ. O614.37

中国国家版本馆 CIP 数据核字第 2024T9E713 号

策　　划	高　樱	
责任编辑	武翠琴	
出版发行	西安电子科技大学出版社（西安市太白南路 2 号）	
电　　话	(029) 88202421　88201467	邮　编　710071
网　　址	www. xduph. com	电子邮箱　xdupfxb001@163.com
经　　销	新华书店	
印刷单位	陕西博文印务有限责任公司	
版　　次	2024 年 8 月第 1 版	2024 年 8 月第 1 次印刷
开　　本	787 毫米×960 毫米　1/16	印张　13.5
字　　数	273 千字	
定　　价	56.00 元	

ISBN 978-7-5606-7313-4

XDUP 7614001-1

＊＊＊如有印装问题可调换＊＊＊

译者序

半导体电力电子器件是电能转换、控制与管理的核心器件。随着半导体技术的发展，传统以硅(Si)为基础的电力电子器件越来越逼近其物理极限，开展基于新型半导体材料的电力电子器件研究成为必然。氮化镓(GaN)基半导体器件具有高工作电压、高频率、高结温、抗辐射等优势，在电动汽车、无线充电、光伏发电、UPS、通信基站、卫星空间站等领域有着广泛的应用前景。特别是其工作频率高、导通电阻小，可以显著缩小电源模块的体积、提高系统转换效率。目前，国内外都已经推出基于 GaN 的小功率充电器，大功率的 GaN 模块开发也正在如火如荼地开展。高性能的 GaN 基器件的研究与开发是未来电力电子系统发展的核心，且已经成为国际国内研究的热点。可以说，GaN 是绿色经济发展的驱动力。在此背景下，GaN 逐渐与更多产业产生了交汇。由于 GaN 基器件自身的发展规律，目前，更多的专著主要集中于 GaN 基射频器件，而 GaN 基电力电子器件方面相关的专著较少，特别是能综合体现 GaN 材料、器件、可靠性和应用等方面的书籍极度缺乏，给相关研究人员和从业者带来了一定的困难。

本书系统地介绍了 GaN 材料及其生长方法、横向和垂直型 GaN 基器件及其结构、GaN 基电力电子器件的可靠性及其在动态与静态下的鲁棒性、寄生效应对 GaN 基功率转换器的影响、GaN 基 AC/DC 功率转换器、GaN 基开关模式功率放大器等内容，具有非常重要的学术价值和工程价值。

本书作者 Gaudenzio Meneghesso、Matteo Meneghini、Enrico Zanoni 均为意大利帕多瓦大学(University of Padova)教授或高级研究人员，长期从事 GaN 等宽禁带半导体领域的研究工作，具有丰富的研究经历。同时本书邀请了多位国际知名学者参与撰写，充分反映了本领域内的先进研究水平。

近十余年来，我国在 GaN 材料、器件、可靠性和应用等领域取得了长足进步，GaN 产品已成功应用于多项国家重大工程，充分展现了我国在此领域的研究实力与应用潜力。但是，研究始终是没有止境的，要想进一步推动 GaN 基器件的研究水平并促进原始创新，确保此领域内的可持续发展，亟须让更多的科研工作者能够快速了解 GaN 基电力电子器件领域的基础知识，并加强相关基础研究。相信本书能为从事 GaN 材料、器件工艺、可靠性和应用等方面研究的科技工作者提供有益的帮助。无论是作为本科生或研究生教材，还是作为专业研究人员的参考资料，本书都有非常好的参考价值。

本书的翻译和润色主要由西安电子科技大学宽禁带半导体团队研究人员参与完成，感谢社会各界人士对本书的大力支持。鉴于译者水平有限，在翻译过程中难免有疏漏之处，恳请广大读者不吝赐教。

译　者

2024 年 3 月

前　言
PREFACE

氮化镓(GaN)是当今半导体领域的代表,可以在众多领域的应用中显著提升系统性能,包括固态照明、超高频传输和功率开关转换等。本书将着重介绍用于超大功率和超高频应用的电子器件(晶体管)的电学特性。

射频(RF)功率在众多应用领域扮演着重要角色,这些应用领域包括无线电发射、等离子体产生、医学成像(如核磁共振成像,NMRI)、功率转换和无线电能传输(WPT)等。在 RF 应用中,GaN 的材料特性比其他常用的半导体(如硅(Si)、砷化镓(GaAs)和磷化铟(InP)等)更具优势。GaN 基射频晶体管可提供的最大输出功率密度比 GaAs 基或 Si 基晶体管理论最大输出功率密度高几个数量级。GaN 基射频晶体管还有其他关键特性,如高截止频率和良好的导热性。GaN 基器件为同时进行高功率、高频和高温工作提供了最佳解决方案。

电力电子技术是与电能从源头到负载的高效转换、控制和调节相关的技术,是电能产生、分配和高效利用的使能技术。同时,电力电子技术也是一种功能交叉的技术,涵盖了从极高的吉瓦(GW)级功率(例如在能量传输线中)到手机工作所需的极低的毫瓦(mW)级功率。许多细分市场,例如,家用和办公电器,计算机通信,通风、空调和照明,工厂自动化,驱动、牵引,汽车,可再生能源,都可能受益于电力电子技术的应用。

基于 GaN 和碳化硅(SiC)等宽禁带半导体(WBS)的功率器件有望在未来的电力电子系统中发挥重要作用。宽禁带半导体具有很高的击穿场强,以 GaN 为例,它可以制造横向和垂直型器件,其横向高电子迁移率晶体管(HEMT)的电子迁移率不像传统硅 MOSFET 那样低,而垂直型器件具有大电流密度和很高的击穿电压。将二者结合可以制造出比其他更常见的半导体(如 Si、GaAs、InP)性能提升几个数量级的器件。

此前,半导体带来的无限愿景还远未实现,如今却在发生变化:① GaN 材料的成本正在大幅下降,GaN 基器件在成本上更具竞争力;② 多个 GaN 基器件的供应商已经证明了器件的稳定性和鲁棒性;③ 目前市场中已经出现了使用 GaN 基器件的系统。这些事实促使我们编写这本书,以反映该技术从材料生长到最终应用的最新成果。

Gaudenzio Meneghesso

Matteo Meneghini

Enrico Zanoni

意大利,帕多瓦

CONTENTS 目 录

3

绪　　论

　　众所周知，目前硅(Si)基半导体器件在尺寸和物理特性方面已达到其理论极限，为进一步提高应用系统的性能和可靠性，必须探索新的材料。氮化镓(GaN)材料由于具有高导电性、耐高温、高频和大功率工作的基本物理材料特性而成为首选，GaN 可以满足射频和功率转换应用领域等未来先进系统的要求。

　　过去几年中，GaN 的工艺成熟度大为改善，然而，要保持 GaN 基器件与 Si 基器件的成本处于相同水平，保证 GaN 基器件在卫星、汽车和工业等领域的高可靠性和鲁棒性，仍需进一步研究和开发 GaN 基器件的全部潜力。

　　本书的内容从材料生长到器件制造、可靠性分析、寄生效应影响，最后到功率转换器和功率放大器应用，从不同方面对 GaN 技术进行了介绍。

　　第 1 章(Joff Derluyn, EpiGaN nv; Marianne Germain, EpiGaN nv; Elke Meissner, Fraunhofer IISB)讨论了与 GaN 材料生长相关的问题。GaN 外延技术最初是在蓝宝石衬底上进行的，随后，人们在蓝宝石和 SiC 衬底上改进了 GaN 外延技术，期望获得具有极高性能的器件。但是，这些衬底具有两个明显的缺点：首先，通过异质外延生长的外延层线位错密度极高(在 $10^8/cm^2$ 以上)；其次，价格昂贵且与 Si 基半导体工业中广泛使用的低成本加工工艺并不兼容。本章讨论了以上问题的解决方案：一方面用氨热法和氢化物气相外延(HVPE)法生长 GaN 体单晶；另一方面用工业中更常用的金属有机化学气相沉积(MOCVD)法在 Si 基衬底上异质外延生长 GaN(GaN-on-Si)。我们将集中讨论这些技术带来的挑战及其潜在的解决方案。Si 并不是 GaN 完美的衬底材料，两者的晶格参数和热膨胀系数极不匹配，从而导致生长在 Si 上面的Ⅲ族氮化物外延层中有很大的应变积累。相关应变控制技术的发展在一定程度上克服了这些技术障碍，如今直径为 200 mm 的 Si 基 GaN外延片已在市场中销售。此外，使用 GaN 体单晶作为衬底能够实现材料中的超低缺陷密度，并可以制作出新结构的器件（如垂直型器件）。

第 2 章（Chang Soo Suh，Texas Instruments）描述了 GaN 基高电子迁移率晶体管（HEMT）器件，以及在 AlGaN/GaN 异质结构中如何形成 2DEG 的极化效应和表面态。随着性能的不断进步，加上对工作在更高频率的功率转换系统需求的不断增加，Ⅲ 族氮化物半导体能够提供超越 Si 极限的卓越性能。GaN 基 HEMT 器件正处于研究前沿，GaN 有望成为下一代功率开关器件的首选材料。此外，本章还介绍了很多关于提高沟道电子迁移率、抑制电流崩塌效应、提升击穿电压和实现增强型等方面的 GaN 基 HEMT 创新成果。

第 3 章（Srabanti Chowdhury，Dong Ji，ECE Department，University of California，Davis）以垂直型 GaN 基电力电子晶体管为主题，带领读者回顾了垂直型 GaN 技术的研发历程，详细介绍了近十年来开发的三端器件。功率转换器依赖固态器件，以二极管和晶体管为基本元件。GaN 技术是一个不断扩展的研发主题，有望解决用 Si 基器件在功率转换方面无法解决的难题。对于中压（650～900 V）的 HEMT 器件，可以通过更高频率（100 kHz～1 MHz）的驱动电路以及去除散热片或减少散热需求来缩小系统尺寸。这激发了人们对 GaN 基器件的研究兴趣，以解决功率转换需求。然而，在功率转换中，单芯片对额定电压（1 kV 及以上）下大电流（50 A 及以上）的需求是一个标准要求，尤其是当市场对汽车和其他交通工具的电气化有巨大需求时，GaN 必须拓展其领域，以提供比 Si 甚至 SiC 功率密度更高的大功率解决方案。垂直型器件一直是功率器件工程师的选择，因为它既能经济地利用材料，又能最大限度地利用其物理特性（允许有最大可能的阻断电场、场迁移率等）。本章首先讨论垂直型晶体管的耗尽型结构（CAVET），然后讨论其增强型结构（MOSFET），并讨论每种类型器件的优缺点，介绍它们的工作原理。我们通过器件建模及实验数据支撑，使本章具有学术性和参考价值。本章将帮助读者了解 GaN 基垂直型晶体管的最新进展，并发掘其在功率转换方面的潜力。

第 4 章（Gaudenzio Meneghesso，et al.，University of Padova）描述了 GaN 基晶体管在寄生和可靠性方面的主要限制因素。可靠性不达标的新产品是无法被应用的，对于采用新技术的产品，比如 GaN 基器件来说尤其如此。对于 GaN 基功率晶体管而言，击穿机制起着重要作用，鲁棒性和长期可靠性的退化仍然是必须要考虑的严重问题。本章的第一部分（即 4.1 节）对上述方面进行了研究，主要侧重于 GaN 基器件中由经时关态应力机制造成的永久退化；第二部分（即 4.2 节）分析了造成 p 型栅 HEMT 在高正向偏置下的退化机制，概述了与永久退化机制根源相关的主要文献的研究结果，并进一步给出了可恢复的俘获机制的研究结果；第三部分（即 4.3 节）分析了 MIS-HEMT 结构的不稳定性问题，详细讨论了负偏置下器件阈值电压的不稳定性（NBTI）对施加温度的依赖和由级联结构引起的性能恶化情况。

第 5 章（Kenichiro Tanaka，Ayanori Ikoshi，Tetsuzo Ueda，Panasonic Corporation）讨论了如何评估 GaN 基功率晶体管的鲁棒性。近年来，随着 GaN 基功率晶体管作为开关在

功率转换器中的广泛应用，保证其可靠性非常关键。GaN 基功率晶体管在开关过程中会受到电流崩塌的影响，一旦器件在高电压下工作，其导通电阻就会增加，这是 GaN 基器件的一种特殊现象。电流崩塌会引起器件的不稳定性，表现为温度升高、内部电场分布不均等，可能会导致器件的可靠性问题。因此，在开关工作时，除测试 Si 基功率晶体管的可靠性外，还应测试 GaN 基晶体管的鲁棒性。由于在开关过程中器件的电流崩塌与漏极电流-电压关系曲线密切相关，因此 GaN 基晶体管的开关可靠性依赖于开关轨迹。在此基础上，提出了开关安全工作区(SSOA)的概念，并定义了器件安全开关的条件。例如，我们为嵌入式混合漏极结构的栅极注入晶体管(HD-GIT)定义了 SSOA，该晶体管目前已在市场中销售。此外，我们提出了长时间的 SSOA(lSSOA)，保证了 HD-GIT 在长时间开关工作(例如 10 年)下的鲁棒性。本章所提出的用于确保 GaN 基功率晶体管鲁棒性的方法可用于评估器件在给定开关应用中的寿命。

第 6 章(Johan T. Strydom, Texas Instruments)描述了寄生参数对 GaN 基器件功率转换性能的影响。电路的"寄生"在很大程度上会对器件和系统造成不良影响，这些寄生参数会以某种方式限制系统的运行或性能。目前的方法是通过改进器件、封装或系统的设计来减轻这些寄生参数带来的不良效应。由于这些寄生参数在很大程度上由器件与系统的几何形状决定，因此其改进方法本质也是空间上的。与 GaN 基器件功率转换相关的寄生参数可大致分为三类：① GaN 基器件芯片内部的寄生参数；② 直接影响器件性能的封装和板级(互连)的寄生参数；③ 影响整体系统性能和运行的外部板级和系统级元件的寄生参数。本章将广泛讨论寄生参数对 GaN 基器件功率转换性能的影响。随着 GaN 技术在未来几年的不断进步，我们将对这些寄生参数的潜在影响进行简要推测，包括对相关研究领域和对未来系统改进的思考。

第 7 章(Fred Wang, Bo Liu, University of Tennessee, Knoxville)描述了在 AC/DC 转换器中应用 GaN 基器件的优势和挑战。由于具有高开关速度和低导通损耗等特点，GaN 基器件技术有望在很多方面让未来的电力电子技术受益，如可以提高效率与功率密度、简化转换器拓扑，可以开发新的系统级功能和应用。首先，本章介绍了单相和三相系统中 GaN 基 AC/DC 转换器的优势，分析了高开关频率、高 di/dt 和 dv/dt 以及小器件尺寸所带来的主要挑战，并提出了特殊的设计思路。对于单相 AC/DC 转换器，在硬开关的光伏(PV)和功率因数校正(PFC)应用中，采用 GaN 基器件来简化拓扑的优势明显。其次，本章讨论了 GaN 在新应用(例如无线电力传输和医疗电源)中的拓扑和调制方案。在软开关图腾柱 PFC 转换器中，分析了高频转换器设计中应用 GaN 基器件时的新挑战和解决方案。最后，本章研究了三相 AC/DC 转换器在光伏、电机驱动和电池充电等系统中的应用，详细分析了与 GaN 基器件寄生电容、开关转换瞬态和薄型封装相关的控制和散热设计难点，特别是高频高密度型转换器中存在的问题。为解决这些问题，探索了调制补偿和采样方案的方法以及不同的散热解决方案。

第 8 章(David J. Perreault, MIT; Charles R. Sullivan, Dartmouth; Juan M. Rivas, Stanford University)描述了将 GaN 基器件应用于开关模式功率放大器的优势和机遇。射频(RF)功率对无线电发射、等离子体产生、医学成像(如 MRI)、功率转换和无线电能传输(WPT)等众多应用非常重要。功率半导体器件、磁学和电路设计的进步,为更有效的射频功率的产生和传输打开了大门。本章对开关模式功率放大器(或射频逆变器)的设计、控制和结构进行了讨论,并针对高频(HF,3~30 MHz)和甚高频(VHF,30~300 MHz)范围探索了射频功率转换的关键因素,例如功率电路架构和设计、射频功率器件的选择和高效驱动以及调制功率和管理负载变化的控制方法。此外,还讨论了基本功率放大器拓扑电路结构,包括射频频率下的无源元件设计和应用。在高功率密度、高效率的需求下,高频和甚高频功率应用中的磁性元件面临特殊的挑战,本章探讨了该频率范围内有无磁芯电感和变压器的设计,包括绕组设计、磁芯材料的评估和选择以及磁芯的应用。

第 1 章

GaN 体单晶衬底和 Si 基 GaN 外延

Joff Derluyn，Marianne Germain，Elke Meissner

1.1　引言

到 2022 年底，全球发光二极管（LED）照明市场的规模预计将超过 500 亿美元[1]，而在此领域中 GaN 无疑是仅次于 Si 的第二大半导体材料。

不过，自然界中并不存在天然的 GaN 晶体。20 世纪 80 年代末 90 年代初，由于在光电领域应用的 GaN 外延技术缺乏天然衬底，因而需要在蓝宝石衬底上生长异质外延层。利用在小直径蓝宝石衬底上异质外延的自制设备，科学家们在 GaN 材料的制备技术和对该材料性质的认知方面取得了许多重大进展，例如异质外延生长技术的发展和将 Mg 作为 p 型掺杂剂。时至今日，LED 中仍有很大一部分是在 GaN 专用代工厂的 100 mm 蓝宝石衬底上生产的。

在光电子器件快速发展的背景下，基于 AlGaN/GaN 界面形成二维电子气（2DEG）的现象，在 GaN 材料体系中很快出现了一个具有更优异性能的关于晶体管的概念，即高电子迁移率晶体管（HEMT）[2]。由于（Al）GaN 具有高的临界击穿电场和 2DEG 优良的输运特性，人们很快发现，相比于 GaAs 或 Si 晶体管，GaN 基 HEMT 可以在更高的偏置电压下工作，这使得其射频输出功率密度提高了 10 倍。以碳化硅（SiC）为首选衬底，GaN 射频技术能快速适用于航天和国防等高端应用领域。虽然用 SiC 作为衬底时性价比不高，但其晶体结构和参数与 GaN 更为匹配，可以实现高质量的异质外延。对于大功率电子器件而言，由于 SiC 的高热导率具有显著的优势，因此，在 SiC 衬底上制备的 GaN 器件更容易实现高的输出功率密度。

然而，尽管科学家们已成功地将蓝宝石和 SiC 衬底上生长的 GaN 外延材料制作成了性能优异的器件，如高发光效率的 LED 或高功率密度和高漏极效率的射频放大器，但这些衬底仍有两个重大问题：一个是异质外延生长的外延层的穿透位错密度很高（$10^8/cm^2$ 或者更高）；另一个是这些衬底本身价格昂贵，且不能与 Si 半导体工业中广泛应用的低成本高产能的工艺技术相兼容。此外，虽然 GaN 同质衬底能够大幅降低器件中的位错密度，但这是一条成本较高的技术路线。本章将讨论上述问题的解决方法：一是关于 GaN 体单晶生长技术；二是关于 Si 基 GaN 异质外延生长技术。

1.2　GaN 体单晶生长技术和衬底技术现状

现代半导体器件生产中，控制和处理薄膜的技术非常重要，其涉及金属层、介质层（或钝化层）和高结晶质量的单晶外延层。外延层在单晶衬底表面逐层扩展生长，从这个意义上说，体单晶的生长和外延层的生长没有差别。然而，在外延生长中，衬底材料和外延层材料往往不同，材料结构和热膨胀系数也不同，这种外延方式通常称为异质外延。异质外延时，材料的不同会导致严重的物理后果，如形成界面处的位错、应变的积累等，这将影响到在这种材料上制作的器件的可靠性。如果衬底材料和外延材料相同，则不存在这些问题，这种外延方式通常称为同质外延。

虽然缺乏天然 GaN 衬底，但 GaN 异质外延的种类很丰富。尽管如此，目前仍有一些供货商供应自支撑的 GaN 衬底，但这类衬底的成本极高（每个 2 英寸（1 英寸＝2.54 厘米，译者注）衬底片约 2500 美元），最大可用直径只有 2 英寸，而且质量差异较大。由于存在生长缺陷太多、衬底表面光洁度不理想以及晶格和衬底翘曲等问题，即使晶格参数差异很小，仍使同质外延困难重重。无论如何，用纯净且完美的 GaN 晶体制作衬底仍然值得期待，因为它是制作高性能和高可靠性 GaN 基器件的最佳选择。本章后半部分将讨论用于 GaN 电子器件的外延材料的生产细节。

GaN 体单晶的生长非常困难但又十分必要，其生长的物理原理基本与外延相同。我们希望生长出一个能切成晶片且具有更大尺寸的单晶体，但要得到几毫米长或在理想情况下几厘米长的晶棒，还需要具备其他条件。要解决的关键问题是所采取的方法能够实现 GaN 体单晶的高速生长，而非薄膜的低速生长。

过去十几年里，人们进行了各种尝试以寻找适合 GaN 体单晶生长的技术，相关文献进行了很好的总结[3]。下面将简述生长 GaN 体单晶需要克服的主要困难和面临的挑战。

GaN 晶体的生长相当困难，这是因为 GaN 具有很强的共价键，同时含有易挥发的氮元素。由于 GaN 的熔点高至 2000℃以上[4-5]，且该材料的形成需要氮气（N_2）的平衡压强达到约 60 kbar[4-8]（1 kbar＝100 MPa，译者注）的极高值，因此 GaN 很难达到熔融状态。在平衡曲线之下，GaN 会发生不均匀分解。最接近平衡生长的是高压-高温系统中的高氮气压力生长技术。在这种生长技术中，GaN 是在 10～20 kbar 或更高的氮气压力和大约 1400～1600℃ 的高温下进行生长的[9-11]。由于苛刻的生长条件和相对较小的晶体尺寸，这种方法不适用于工业生产。事实上，在没有超高压氮气时，GaN 分解的不均匀性使得提拉法、垂直梯度冷凝法等任何经典方法都无法生长出基于熔融态的 GaN 晶体[12]。而且，氮气在纯镓熔体中的溶解度很低[13]，因此用溶液生长法代替熔体法不易实现。由于在氮气中氮原子的三重键使氮原子具有低反应活性，故可以使用具有活性氮原子的物质（如氨气或氮气等离子体）来作为生长 GaN 的氮源，但控制反应速率和生长动力学比较困难。液相生长通常是指将希望结晶的化合物溶于溶剂中，当溶液达到完全饱和后，在结晶的地方会产生过饱和，化合物就可能开始结晶[14]。由于溶解度与温度呈函数关系，故可以通过改变系统在结晶处的温度来达到过饱和。如果组分的溶解度较低，则需要添加增强溶解度的添加剂（即增溶剂）。通过添加增溶剂实现 GaN 液相生长的例子有低压液相生长（LPSG）法[15]和钠助熔剂法[16-17]。但由于这是一种接近热力学平衡的方法，故生长速率相对较低（LPSG 法约为 2 μm/h，钠助熔剂法约为 20 μm/h）。最近几年，作为液相生长方法之一的氨热晶体生长法（简称氨热法）已经成为非常有前景的 GaN 晶体生长方法[18-20]，这种方法能够以每天 100～200 μm 左右的速率生长出结晶质量好、位错密度低至 10^4/cm^2 的晶体。在某些情况下，该方法预期会有更高的生长速率，但尚未得到公开证实。

对于液相生长，化合物的溶解度与温度呈函数关系，在理想情况下，化合物的溶解度在百分之几的量级。如果溶解度小于此值，则必须添加可以使化合物达到所需较高溶解度的增溶剂。结晶本身可以看成是由于过饱和引起的相变。

在氨热法中，GaN 是溶解在超临界氨流体中的化合物。氨热法是水热法的延伸。水热法是一种得到充分研究的方法，用这种方法每年可生产数吨石英晶体。这两种方法都使用高压釜形成特定的压力和温度，以便产生超临界流体，而温度适中（300～600℃）时，相应的压力较高，通常在 100～300 MPa 的范围内。此外，还可以添加矿化剂，通过生成中间产物来增强 GaN 原料在流体中的溶解度，原料则通过自然对流溶解。实际上，关于中间产物的作用目前还不完全清楚，但它不仅仅是帮助溶解 GaN。复合物引导了物质的传输，其在籽晶表面的反应有助于控制生长动力学。在高压釜中通过原位测量来分析氨热过程非常具有挑战性。虽然温度在 300～600℃ 之间相当适中，但高压釜内部压力较高（最高可达 300 MPa），且只有少量的文献有相关报道[21-22]，因此，成功的案例极其宝贵。图 1.1(a) 给出了一个简单的用于氨热晶体生长的实验室高压釜示意图，该高压釜放置在具有两个单独加热区的熔炉里，为了有更好的可视化效果，图中移除了绝缘材料。图 1.1(b) 为氨酸装置原理图。

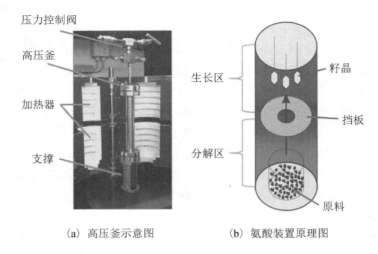

(a) 高压釜示意图	(b) 氨酸装置原理图

图 1.1　氨热法高压釜示意图及氨酸装置原理图

结晶在几乎恒定的温度下进行，过饱和由温度梯度产生。物质的传输通过对流进行，可以利用挡板等内部部件来引导。在液相生长的条件下，由于系统接近热平衡，温度较低，梯度较浅，故生长速率缓慢。但如前所述，GaN 可达到较高的结晶质量。从原则上来讲，GaN 的氨热法生长有两种途径：一种是通过选择化学方法，使流体可以被看成一个酸性体系，即"氨酸"；另一种是流体条件为碱性，流体可以被看成一个碱性体系，即"氨碱"。无论是偏酸性还是偏碱性条件，都由加入超临界状态 NH_3 中的矿化剂决定。目前已经研究出很多矿化剂，但因为鉴定中间产物比较困难，所以其发展仍处于萌芽状态。矿化剂之间的根本区别不仅在于它们诱导了碱性还是酸性反应，而且在于可定量控制的溶解度不同，同时，矿化剂的性质与温度有关。碱性矿化剂往往表现为固溶体，而酸性矿化剂则与其相反。因此，两种情况下所需的温度梯度相反。虽然中间产物的性质非常重要，但我们对其知之甚少。最近有少量出版物涉及此类系统中中间产物的鉴定[23-25]。表 1.1 总结了一些典型的用于氨热法生长 GaN 的矿化剂，但该清单并不完整。

表 1.1　典型的用于氨热法生长 GaN 的矿化剂

矿化物	反应系统	参考文献
$LiNH_2$	中性	1
$NaNH_2$	中性	1，2，9
KNH_2	中性	1，3，4，5，9
$Sr(NH_2)_2$	中性	6
$Ba(NH_2)_2$	中性	6，7

续表

矿化物	反应系统	参考文献
NH_4F	酸性	8
NH_4Cl	酸性	8, 10, 11
NH_4Br	酸性	10, 11
NH_4I	酸性	10, 11, 12

之前的研究结果表明，GaN 的氨热法生长潜力巨大，这可能会成为 GaN 晶体量产的首选方法。氨热法生长出的晶体的质量是迄今为止所能达到的最好的，且直径可达 2 英寸。大型的高压釜不仅可以生长更大尺寸的晶体，而且可以在一批次中获得更多数量的晶体。氨热法的优点之一是可以合成复杂或新颖的氮化物，这是以前用其他方法无法获得的[26-28]。例如，Be_3N_2、LaN 和 Cu_3N[29] 是由氨热法合成的，而三元氮化物如 $LiSi_2N_3$、$NaSi_2N_3$ 甚至 $K_3P_6N_{11}$[30-32] 是通过使用氨基矿化剂获得的。最近，氨热生长技术被广泛应用于探索新的二元、三元甚至四元氮化物，如 $CaGaSiN_3$，其中一些氮化物具有有趣的新性质[33-34]。

氨热法以及任何其他液相生长法的最大缺点是生长装置相对复杂，生长速率低，以及由于高压釜侧壁的腐蚀和不同的溶质种类合并而存在杂质浓度高的风险。氨热高压釜通常是由一种特殊合金制成的，这种合金能抵抗极端腐蚀性介质(超临界氨加矿化剂)，并同时适用于高压和高温。只有少量工业合金(如镍基合金)可以用于制作这种高压釜。生产作为半成品的大尺寸合金体是相当困难的，实际上可以使用其他合金的高压釜并在内壁上使用贵重金属以防止腐蚀。但这种尺寸更大的贵重金属内壁也不易获得，而且这两种替代方案所需的成本也相当高。因此，设想在大型高压釜中使用氨热技术来制备大直径晶体，其价格绝不便宜。

从工业的角度来看，氢化物气相外延(HVPE)法被认为是大规模生产 GaN 晶体以获得同质衬底的一种潜在的候选方法。在 HVPE 过程中，GaN 是由气相结晶产生的。HVPE 过程的基础反应如下：

$$GaCl + NH_3 \longrightarrow GaN + HCl + H_2$$

首先，在 Ga 源上方通入 HCl 气体形成 GaCl；随后，Ga 以 GaCl 的形式传输到籽晶位置，并在那里与 NH_3 接触，从而使 GaCl 和 NH_3 之间发生反应形成 GaN。反应会产生不需要的副产物——氯化铵，它会被输送到下行的反应器排气管。HVPE 反应器是相对复杂的系统，其中的反应速率、物质流动和结晶动力学很难平衡。在 HVPE 中观察到的 GaN 的生长速率比各种液相生长法和氨热生长法高出数百微米每小时。Yoshida 等人[35] 报道了在

1060℃的生长温度下，GaN 的生长速率高达 1870 μm/h。图 1.2 给出了水平式 HVPE 系统的示意图。

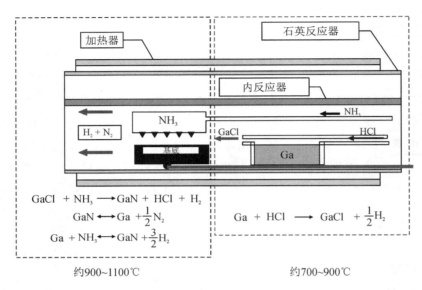

图 1.2 水平式 HVPE 系统的示意图

通常，在气相生长中所能达到的生长速率比较高，如前所述，每小时可达几百微米。然而，输运速率必须根据生长界面的动力学进行调整。如果生长速率过高，那么晶体质量通常会下降。因此，生长过程通常是在 200 μm/h 以下的中等生长速率下进行的。对于 HVPE 工艺，目前已进行了深入研究。早在 1969 年就已经发表了第一个研究结果[36]。过去几年里，晶体的整体质量取得了巨大进步（例如文献[36]～[44]）。

在文献中可以看到，由于受到背景杂质的影响，会使 HVPE 晶体发生非故意掺杂和 n 型导电，而背景杂质主要来自反应器的材料[38,45]（如硅和氧等）。因此，尽管人们作出了巨大努力以使反应器更纯净，但实现可控掺杂仍是一个问题。Fujikura 等人[46]报道了 HVPE 中的 GaN 晶体具有极低的背景杂质浓度，这让人们对材料的质量提高抱有很大希望。尽管使用的籽晶仍然被认为是异质籽晶，但 HVPE 法生长的 GaN 的结构完整度相当好。通过优化晶体的厚度和籽晶的质量，位错密度可以降至 10^6/cm^2。表 1.2 简单比较了 HVPE 法生长的 GaN 与氨热法生长的 GaN。

如果没有天然籽晶，那么所有晶体的生长过程都会出现根本问题。籽晶质量对于晶体生长结果是否良好至关重要。当籽晶直径小于后期晶体时，从籽晶开始的晶体生长会改变晶体位错的微结构。

表 1.2　HVPE 法生长的 GaN 和氨热法生长的 GaN 的对比

类别	HVPE 法生长的 GaN	氨热法生长的 GaN
生长方法	气相生长	溶液生长
温度	约 1050℃	300～700℃
气压	流动气体	1000～5000 Pa
生长率	平均 200～1800 $\mu m/h$	200 $\mu m/$天
主要背景杂质	氧、硅	氧、金属元素
点缺陷浓度	平均 $10^{17}/cm^2$，最低 $10^{15}/cm^2$	平均 $10^{18}/cm^2$
结构质量	中等、良好	高
位错密度	$10^6/cm^2$	$10^4/cm^2$

　　随着晶体直径的增加，需要考虑减少位错的机制。如果 GaN 的横向生长速率小于垂直生长速率，则必须采用大直径的籽晶。在这种情况下，籽晶的位错微结构将转移到晶体中，只有极少数的方式（如增加厚度）可以降低位错密度。

　　通常除那些自生籽晶之外，GaN 并没有天然籽晶。天然籽晶对于晶体生长非常宝贵，但是到目前为止，尚无关于一种特定材料的天然籽晶的形成和制备知识的详细报道。在没有天然籽晶的情况下，生长晶体的方法主要有两种：① 通过过饱和成核及后续扩展晶体尺寸形成小晶体；② 使用晶格和热膨胀系数较为匹配的外来异质籽晶形成大尺寸的 GaN 籽晶。

　　用外来籽晶进行生长会带来很多物理问题。晶体生长过程在高温下进行，而与生长方法本身的类型无关。晶体生长过程通常涉及多个不同温度下的步骤，包括循环进行加热和冷却。因此，两种材料的热失配会导致晶体生长中产生大量的应变、断裂或额外的位错。即使晶体在冷却时没有断裂，应变也会导致晶体的晶面发生弯曲，这种情况在外来籽晶分离后仍然很明显。此外，即使采用天然籽晶进行生长，材料也同样存在翘曲问题，例如，由于存在不同浓度的背景杂质或表面处理问题，在使用天然籽晶生长时，翘曲虽大大减少，但仍然存在[47]。在大尺寸籽晶上进行 GaN 生长的另一个基本问题是晶体的生长速率在不同的晶向上各不相同。c 向生长最快，并且在 HVPE 生长过程中不会进行横向扩展，在最好的情况下直径可以保持不变。尽管该方法没有相关报道，但是也受到知识产权的保护。通常随着生长时间的增加，晶体会形成锥面，晶体直径随着晶体厚度的增加而减小。反过来，从晶体中切出的晶片直径并不完全相同，但会随着晶体高度的增加而减小。此外，很多文献报道了生长过程中存在许多缺陷，例如 V 形坑，这可能使晶体无法进行下一步工艺。图 1.3 所示为通过 HVPE 法生长的 GaN 晶体，从中可以看出与 HVPE 法生长的 GaN 晶体相关的大多数常见问题，如表面有 V 形坑、出现菱形面、高杂质含量、暗色、Ga 滴和裂纹等。

其中，图 1.3(d)所示为一个 3 英寸 GaN 晶体，其质量较好，只有一个裂纹。

(a) 2英寸、8mm厚的GaN晶体，表面有V形坑(条纹箭头)、小平面(点状箭头)和直径的减小(两个相邻箭头)

(b) 3英寸、1.5mm厚的晶体上有典型的裂纹

(c) 在表面坑中析出过量的Ga，V形坑的黑色清晰可见

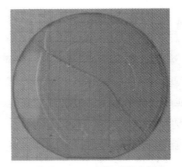

(d) 3英寸、1.5mm厚的晶体上只有一个裂纹

图 1.3 与外来籽晶相关的由 HVPE 法生长的不同晶体的生长缺陷

图 1.3(d)所示的晶体质量比较理想，并且这种晶体生长的合理厚度可达到毫米级。然而，如前所述，在将这种晶体进行切片时，晶体的晶格通常会发生较大弯曲，如图 1.4 所示，将晶体切割成晶片(如点框所示)时会导致期望的晶格平面相对于晶片表面发生倾斜(如箭头和虚线所示)。

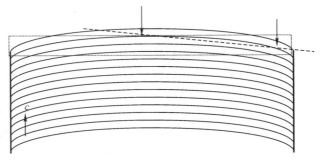

图 1.4 由生长问题导致晶格出现较大弯曲示意图

1.3　GaN 的同质外延

通常，晶格翘曲度较大导致的后果都是比较严重的。切割和抛光晶体可能会切断弯曲的晶格，从而使得本应平行于晶片表面的晶格平面在所获衬底上将形成不同的斜切角（见图 1.4）。

外延意味着两种结构的强定向和关联生长。外延材料延续了衬底晶片的晶向，以相同晶格和晶向生长到期望的厚度。理论上，如果界面两侧的晶格相同，那么外延生长将采用经典的逐层方法，不会产生位错。然而，实际上同质外延时，晶格会略有变化。晶格的变化幅度是在本征衬底上与在异质衬底上生长 GaN 的主要差异。GaN 外延层与衬底之间的微小差异是由材料经历的生长过程决定的，比如背景杂质的数量和类型、点缺陷和残余应变等。因此，外延材料可以有效地反映衬底的应变状态，正如本章将进一步讨论的 GaN 在 Si 基衬底上外延生长的情况。本质上，无论使用的衬底是具有不同的晶格、存在大量的点缺陷和杂质，还是存在应变，任何外延都主要对晶格常数和晶向敏感。在外延晶格的生长面，必须调节晶格常数和晶向的差异。因此，即使同质衬底很容易获得，在 GaN 衬底上外延生长 GaN 依然不易。某些应用中（如蓝光和紫外半导体激光器），为了获得可靠的器件，必须使用同质衬底。

1.4　GaN 的异质外延

由于同质衬底的体单晶较难获得，故必须寻找其他衬底材料，这些材料的晶格参数、晶体结构及晶向需接近于将要外延生长的材料。外延生长 GaN 时，常使用四种材料作为衬底。

对于光电应用，蓝宝石是首选衬底。蓝宝石在晶格参数和热膨胀系数方面与 GaN 较为匹配，价格相对便宜，并且是透明的。蓝宝石衬底的缺点是导热性较差且不具有导电性，不太适合作高功率密度电子器件的衬底。激光二极管必须使用 GaN 自支撑衬底，这是因为生长在衬底上的外延层需要具有最佳的结晶质量（如缺陷密度低于 $10^6/cm^2$）。目前 GaN 自支撑衬底尺寸较小（如直径为 2 英寸或更小），且对于大多数应用来说成本高昂。对于像激光这样要求苛刻的应用而言，其价格可以接受；但对于像 LED 或晶体管这样广泛的应用来说，成本是个重要问题。

因此，SiC 通常被用作电子器件和高端 LED 的衬底。SiC 既有 n 型材料，也有半绝缘材料，且具有与 GaN 相匹配的机械性能。此外，SiC 的导热性非常好，有助于高功率密度电子器件的散热。SiC 衬底的缺点在于，其制造耗能很大，成本较高（例如，一个 6 英寸的半绝缘晶片售价超过 2000 美元）。与此同时，供应链被少数的垄断者主导，并且由于 SiC 可用在核技术中，导致 SiC 衬底受到国际武器贸易条例（ITAR）的限制。

第四个候选材料是 Si，它是大多数半导体工业的首选材料。Si 基衬底是 SiO_2（沙子）的衍生物，其储量大，尺寸大（如直径达 300 mm）且成本低（如直径为 200 mm 的衬底大约 50 美元）。Si 工艺的研究非常深入，已为各种前端技术（如在 14 nm 节点上的缩小）、后端技术（如叠层金属或 Si 通孔）、微机械加工技术（如用于 MEMS 或微流体中）提供了极其成熟的平台，最重要的是这些不同技术在芯片或晶片层面上可以集成在一起。此外，这些技术使企业能够以极低成本进行大量生产。Si 工业的制造能力仍然遥遥领先于其他半导体（不只是化合物半导体），在生产能力、成本以及技术能力（如光刻定义的最小特征尺寸和集成度）等方面都是如此。

为了使 Si 和 GaN 这两个根本不同的材料建立联系，研究人员[48-50]在 20 世纪 90 年代末和 21 世纪初研究了如何在 Si 衬底上进行 GaN 的异质外延生长。由于 Si 和 GaN 之间的晶格失配和热失配更大以及存在 Ga 回熔，因此在 Si 衬底上进行 GaN 的异质外延生长比在蓝宝石衬底上进行 GaN 的异质外延生长更具挑战性，尽管如此，Si 基 GaN 外延片依然进入了大规模的 Si 半导体晶圆厂。此外，Si 衬底的机械性能与成熟的技术（如晶片减薄、硅通孔，以及通常的 2.5D 和 3D 集成）相结合，为在 Si 衬底上异质外延 GaN 材料提供了可能。下面将描述如何在 Si 衬底上异质外延 GaN 材料，及如何定义其约束和边界条件，我们将重点讨论电子应用中的主力军——HEMT 器件的外延结构。

Si 并不是 GaN 外延生长的完美衬底材料。Si 的晶格参数和热膨胀系数与 GaN 极不匹配，这导致在 Si 顶部生长的Ⅲ族氮化物外延层中会产生较大的应力，从而使晶片变形（如弯曲和翘曲）或发生层裂，最坏的情况下是使晶片破裂。因此，初看时与之前描述的晶体生长过程中异质材料籽晶的情况非常相似。然而，与体单晶生长相比，现代先进的外延技术提供了不同的选择。适当的应力管理技术的发展在一定程度上克服了这些技术障碍，直径为 200 mm 的 Si 衬底上异质外延生长的 GaN 外延片已在市场上销售。一旦掌握了这些技术，Si 基 GaN 不仅能提供一种低成本的衬底，还能与各种成熟的加工技术相兼容，与一些具有优异性能的独特半导体材料以及一些新的器件概念相结合。

尽管各种衬底都有其优缺点，但只有使用 Si 衬底（这保证了低成本以及与 Si 基电子器件集成的可能性），GaN 才能在电子器件中得到广泛应用。此外，因自支撑 GaN 同质衬底成本较高，尺寸较小，所以，GaN 同质衬底在高性能应用领域中将受到限制。

1.5　Ⅲ 族氮化物的异质结构

作为一种宽带隙半导体，GaN 优越的材料特性（如高电场强度、温度稳定性等）显而易见，但事实上，在 Ⅲ 族氮化物的体系下，有一个更大的、独特的和完整的半导体家族，这些 Ⅲ 族氮化物半导体覆盖了较大的带隙范围[82]，从红外（InN 具有 0.7 eV 的带隙）到极紫外（AlN 具有 6.2 eV 的带隙）。在光电应用中，Ⅲ 族氮化物半导体可以直接带隙跃迁，其带隙覆盖了整个可见光谱。图 1.5 给出了 Ⅲ 族氮化物半导体的带隙随其晶格常数的变化情况。作为参考，图中还给出了其他的 Ⅲ-Ⅴ 族化合物、Ⅱ-Ⅵ 族化合物以及硅和锗的相关信息，它们的带隙都比 GaN 和 AlN 的更低。

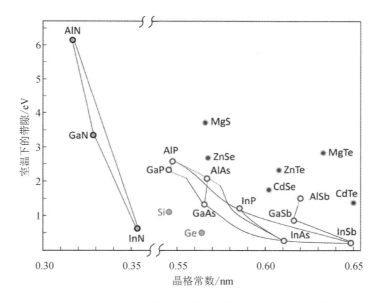

图 1.5　Ⅲ、Ⅲ-Ⅴ 和 Ⅱ-Ⅵ 族化合物半导体的带隙与晶格常数的关系

理论上可以通过改变 Ⅲ 族金属元素（Al、Ga、In）的相对组分来生长 $Al_x In_y Ga_{1-x-y}N$ 的三元或四元晶体，其中 x、y 和 $x+y$ 的数值在 0 到 1 之间。实际情况下还存在一些限制，例如在富铟化合物中存在相分离的问题。

其实这为 Ⅲ 族氮化物的外延生长提供了机会，不仅可以改变其成分和带隙，而且可以生长不同组分的半导体叠层，设计复杂的异质结构，从而创造新的器件概念。此类异质结构的实例包括用于发光器件有源区的 InGaN/GaN 量子阱、用于激光二极管中引导光子和载流子的分离限制异质结构（SCH）或高电子迁移率晶体管结构（在 GaAs 和 GaN 技术中）。

1.6　Ⅲ族氮化物中的压电场

Ⅲ族氮化物的一个重要特性是这些半导体内部存在自发的压电场。Ⅲ族原子和氮原子的原子半径差异导致的晶格扭曲，再加上鲍林电负性的巨大差异，在材料内部会诱导出自发极化。尽管这种效应在光电子学领域有着不利的影响（如在量子阱中产生量子限制斯塔克效应，空穴和电子的波函数发生空间分离）[83-84]，但在电子应用中可以充分利用该效应。通过在一层较厚的 GaN"沟道"层之上生长薄的(In)AlGaN"势垒"层形成异质结构，势垒层中产生的应变为势垒层的总极化电荷增加了一个额外的压电分量。这种异质结构通常称为高电子迁移率晶体管（HEMT）结构。这种结构最早由 Khan[2]证明，且在其他地方也有详细描述，例如在文献[51]中。下一节将探讨这种异质结构的外延。

1.7　Ⅲ族氮化物外延技术——金属有机气相外延

通过不同的技术可以实现化合物半导体层的外延生长，如分子束外延（MBE）。实际上，考虑到生产规模，沉积外延层的首选技术是金属有机化学气相沉积（MOCVD），也称为金属有机气相外延（MOVPE）。在这项技术中[52]，在精确控制的热力学条件下，生长晶体的组成原子以气态前驱体分子的形式由载气输送到反应腔中。通过提供（热）能量，这些分子被迫以气相形式在衬底表面发生分解和反应，从而实现半导体材料在单晶衬底上的生长。载气可以是氮气(N_2)、氢气(H_2)或两者的混合。

Ⅲ族元素的前驱分子是Ⅲ族金属与有机基团（如甲基或乙基）的组合，因此该外延技术称为 MOVPE 技术。镓源通常是三甲基镓($(CH_3)_3Ga$(TMGa))或三乙基镓($(C_2H_5)_3Ga$(TEGa))。铝源和铟源通常分别是三甲基铝($(CH_3)_3Al$(TMAl))和三甲基铟($(CH_3)_3Al$(TMIn))。V族元素氮的前驱分子是所谓的氢化物，如氨(NH_3)，其中氮原子直接与氢原子键合。

外延生长工艺需要考虑的第一个重要因素是控制生长室的气相或衬底的热力学条件（如温度、压力、气体分压）。这些条件决定了基底和气相的吉布斯自由能，这两个能量差决定了系统是否发生材料的刻蚀、（动态）平衡或材料的生长（包含衬底和外延层）。外延生长工艺需要考虑的第二个重要因素是表面动力学，它解释了表面吸附和解吸是如何影响生长过程的。解吸速率受半导体表面气体组分的侧向迁移和局部微观结构（如是否靠近原子台阶或成核岛）的影响。

需要注意的是，气相组分和固相成分的蒸气压之间始终保持平衡，这意味着气相的任何污染都会导致固体半导体材料的污染。金属-有机物前驱体本身是材料中残留杂质的来源。本质上，气相中存在 C 原子和 H 原子，需要精确控制生长条件（如控制各自的蒸汽压），尽量阻止（但绝不会消除）上述原子进入固相。同时，出于相同原因，需要保证源材料的纯度（例如，防止 O_2、H_2O、CO 和 CO_2 的污染），这对于氧源尤其重要。

在Ⅲ族氮化物中，与其他Ⅲ-Ⅴ族材料（如磷化物或砷化物）类似，Ⅴ族元素的平衡气压高于Ⅲ族元素。因此，在气相中需要过量的Ⅴ族材料，即Ⅴ/Ⅲ总是大于 1。

GaN 的 MOCVD 工艺通常需要 1000℃ 以上的温度（InGaN 的工艺温度可低至 700℃，AlN 的工艺温度可高达 1200℃），同时该工艺的反应腔压强在 10～200 mbar 之间（但某些层的反应腔压强可高达 500 mbar）。该工艺在特定压强下进行，这意味着除考虑热力学因素外，MOCVD 工艺还需要在流体动力学和热泳效应这两方面进行优化[85]。各个设备供应商各自都有解决这一问题的方法，例如，通过分布式"喷淋头"注入[53]，通过具有五重"五角"喷淋头的横向流注入[54]，或通过基座的高速旋转诱导泵浦效应[55]。

虽然成熟的电子器件（如 HEMT）不需要对有源区进行任何掺杂，但是掺杂是制造双极器件的必要条件。此外，Ⅲ族氮化物的掺杂可用于降低结构最顶层上的欧姆接触电阻（如 n 型掺杂）、补偿Ⅲ族氮化物缓冲层的固有 n 型特性（如 p 型补偿）、增加给定材料层的电阻率，或在栅极下方插入 p 型材料层以制造增强型 JFET 器件[56]。

在 GaN 中引入 n 型掺杂方法通常是在晶格中Ⅲ族原子格点处引入Ⅳ族原子，一般以硅烷气体（SiH_4）的形式提供 Si 原子。

在 GaN 中进行 p 型掺杂时，最常用的掺杂元素是 Mg，它广泛应用于 GaN 基 LED 或激光技术中，最近也应用于 GaN 基 JFET 器件中。Mg 元素掺杂除了在带隙中产生相对较深的能级（125～215 meV），其最大缺点在于，Mg 与 H（氢气在 MOCVD 中用作载气）形成络合物会阻止 Mg 的电激活。对于外延材料的顶层，可以通过激活工艺（在氮气中退火）来激活 Mg，但该技术对埋层无效。由于 Mg 在 GaN 中的扩散相对较快，因此它也可能引起外延层中温度序列出现问题。所以，Mg 在 GaN 异质结构的制备中不易控制。一些团队在 GaN 缓冲层中进行 Fe 掺杂（Ⅱ族原子占据Ⅲ族原子的晶格格点处形成反位原子 FeGa），另一些团队则使用金属-有机物前驱体甲基中残余的 C，或使用甲烷（CH_4）等独立掺杂前驱体来控制 C 杂质的掺入（Ⅳ族原子占据Ⅴ族原子的晶格格点处形成反位原子 C_N）。这种掺 C 方式引起的 p 型导电补偿了 GaN 层中的 n 型背景载流子，从而可获得电阻率高于 10^{12} Ω/sq 的半绝缘缓冲层。

MOCVD 可以通过一定程度的原位监测来控制生长工艺。在 MBE 的真空工作条件下，可以实现诸如"反射高能电子衍射"（RHEED）之类的电子衍射技术。而 MOCVD 仅限于光学技术，如激光干涉法。半导体外延生长的干涉图形可以显示半导体的生长速率及表面粗糙度。只要稍加修改，应用激光干涉法也可以测量机械晶片的形变，这是测量外延过程中应力累积的一种方法。通过测量宽带白光的光谱反射，可以进一步生成测量材料组分的数据[57]。

1.8　Si 基 AlGaN/GaN 外延结构的构建

外延工艺的目的是沉积具有完美连续晶格的单晶层[58]。如图 1.6 所示，从 Si 基衬底开始，典型的叠层由以下几个部分组成：① 成核层，用于在异质 Si 基衬底上生长 III 族氮化物；② 缓冲层，用于调和 Si 和 GaN 之间的机械性能差异；③ 有源层，由 GaN 沟道层、(In)AlGaN 势垒层组成。最后是表面钝化层（有些会有帽层），用于保护表面或钝化表面态。每个部分在最终的晶片和电子器件中都有各自的作用，具体作用如下所述。

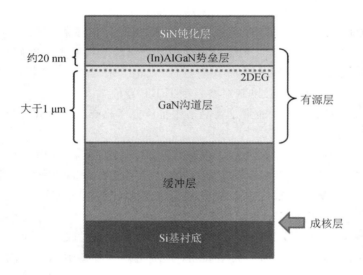

图 1.6　Si 基 AlGaN/GaN HEMT 器件外延层结构

1.8.1　成核层

1. Si 衬底的晶向

Si 晶体具有立方晶体结构，与金刚石一样，由两个相互嵌套的面心立方晶格构成。同时，GaN 是最常见的六方纤锌矿晶体，也可以形成立方体，但半导体特性不太理想。为了匹配不同的晶体结构，大部分 GaN 生长选择⟨111⟩晶向的 Si 衬底，其表面原子沿立方晶格的三重轴呈三角形排列（尽管一些研究采用⟨110⟩或⟨100⟩晶向的 Si 衬底）。这限制了 GaN 基器件和 Si 基 CMOS 器件的横向集成，因为在⟨111⟩晶向的 Si 上形成的栅极氧化物质量比在⟨100⟩晶向的 Si 上形成的质量差。

2. Ga 回熔

需要注意的是，不能在 Si 基衬底上直接外延生长 GaN[59]。Ga 在高温下很容易扩散到 Si 片中，并侵蚀 Si 片表面，从而导致如倒金字塔结构等三维扩展缺陷，并使得衬底表面粗糙化。这种效应称为 Ga 回熔效应，它破坏了衬底和生长层之间的外延关系，从而破坏了后者的质量。研究表明，Ga 回熔能在 Ga 摩尔浓度非常低的气相条件下发生，其摩尔浓度远低于晶体生长所需的摩尔浓度。

3. AlN 微结构

Ga 回熔的解决方案是使用另一种氮化物材料，即在 Si 衬底上首先外延生长一层 AlN[60]。由于 MOCVD 外延工艺中极易发生化学反应，故 Al 原子具有非常低的表面迁移率。因此，Al 原子可以在 Si 表面上的不同位置成核，形成具有不同取向分布的分离的成核岛。最终，这些岛随着生长的进行而合并，使得成核层包含大量的晶界和其他可扩展的一维、二维和三维缺陷。在 Si 衬底上生长 AlN 的典型螺位错密度约为 $10^{10}/\mathrm{cm}^2$。此外，较低的表面迁移率加之 Si 和 AlN 之间晶格常数的差异使得 AlN 外延很容易转变为三维生长模式，从而导致表面粗糙化。为减小粗糙度，通常将 AlN 成核层的厚度限制在 100～200 nm，此时 AlN 层的顶部已经完全弛豫。

Si 和Ⅲ族氮化物之间的界面已被证明是异质结构中造成击穿电压低[61-62]以及射频损耗[63]的最薄弱部分。这种界面效应被很多团队归因于第Ⅲ族元素(主要是 Ga)扩散到 Si 中或由于能带差和极化电荷而产生的反型层。尽管 HEMT 是横向器件，但人们发现在 Si 基 GaN 中制造的器件的击穿电压不会随着器件电极的横向间距变化而持续发生改变，而是当横向间距达到一定数值时饱和(该饱和击穿电压与外延层的厚度有关)。对这一现象的解释是，超过饱和点后，Ⅲ族氮化物层不会再发生横向击穿，而是会发生垂直击穿，其击穿路径包括从表面到 Si/AlN 界面的垂直路径、沿着 Si/AlN 界面的横向传导、从 Si/AlN 界面到表面的垂直路径[61]。这意味着缓冲层的额定电压与外延层的厚度直接相关。如今，标称 650 V 的器件通常采用 4～5 μm 厚的缓冲层。在射频应用中，射频波导和潜在导电的 AlN/Si 界面之间存在电容耦合，会导致射频信号损耗以及晶体管效率降低。

1.8.2　缓冲层

MOCVD 工艺需要相对较高的温度，对于含 Al 的化合物，通常需要 1000℃以上的高温。在 Si 衬底上生长 GaN 层的主要问题之一是热膨胀系数的不匹配(大于 54%)，在工艺后的冷却过程中，Ⅲ族氮化物材料的收缩比 Si 衬底快得多，外延层中会产生较大的拉伸应变以及显著的晶片翘曲和层裂，最坏的情况是使晶片破裂。拉伸应变的大小与外延层的厚度呈正比。Ⅲ族氮化物叠层的厚度决定其电压控制能力，随着所需额定电压的增加，这种热失配变得越来越严重。

为了缓解晶片的翘曲，需要在 AlN 成核层与 GaN/AlGaN HEMT 有源层之间的缓冲层中插入应变层。早在 1999 年就首次提出了其最简单的结构[64]，通过在 AlN 成核层和 GaN 有源层之间插入一个或多个 Al 组分梯度变化的 AlGaN 层来实现。从给定的 Al 组分且完全弛豫的 AlN 或 AlGaN 层开始，生长具有较低 Al 组分的第二个 AlGaN 层。第二层比底层具有更大的晶格常数，并且只要该层在底层上以赝晶的方式生长，就会产生压应变。当该层的生长面完全弛豫时，就可以生长具有更低 Al 组分的下一层，重复上述过程，直到最终可以生长 GaN 层。从 AlN 到 GaN 的典型 AlGaN 阶梯式应变管理缓冲层通常需要生长 2～5 个具有不同 Al 组分的过渡层。单层的厚度范围在 250～1000 nm 之间，具体取决于整个Ⅲ族氮化物叠层的目标厚度，特别是 GaN 沟道层的目标厚度。

在叠层中使用分离的应变层所产生的副作用也具有价值，比如在存在应变的条件下，垂直分布的螺位错倾向于在不同层之间的界面处发生弯曲，这可能导致线位错最终合并消失。最终，总厚度增加使得界面数量随之增加，从而晶体质量得以改善。

除阶梯式缓冲层外，还存在其他的应变管理方法。其中一种是采用连续而非阶梯式的 Al 组分。特别是对于厚层来说，最常用的方法是采用应变的 AlGaN/GaN 超晶格结构，其中薄 GaN 和 AlGaN 层周期性重复几十次，使得冷却时的拉伸应力与衬底解耦[65-66]；或者，通过生长被低温 AlN 插入层隔开的厚 GaN 层来控制应变[67]。

材料结构中应变管理控制不当可能使晶片变形（如翘曲或弯曲），从而导致衬底因光刻或卡盘问题而无法进一步被加工。最坏的情况是，应变会导致Ⅲ族氮化物外延层出现裂纹，从而使晶片断裂。

应变管理的一个特殊方面是晶片边缘的情况，即使在完全平衡的应变分布中，晶片边缘通常也会出现不连续问题。晶片边缘的斜面通常是环形的，与上表面的晶向相比，其暴露出不同的晶向，外延工艺也不相同。（需注意，如前所述，在自支撑 GaN（或任何）衬底中，这也可能由于晶格弯曲而发生。）在 MOCVD 工艺中，边缘的不连续性会破坏气体的流动模式，使衬底的均匀加热变得复杂。这些特性不可避免地会导致晶片边缘处出现小裂纹，这些小裂纹会扩展到整个晶片。

1.8.3　有源层

成核层和缓冲层完成后便是器件有源层的生长。GaN 基电子器件主要基于 HEMT 结构，其中薄的(In)Al(Ga)N 势垒层赝晶生长在较厚的 GaN 沟道层上。势垒层具有比 GaN 层更大的带隙和更多的极化电荷，这导致在两层的界面处形成二维电子气（2DEG）。2DEG 中电子的面密度取决于势垒层的厚度、组分、相对应变状态以及势垒层的表面电势。势垒层典型的厚度值为 20 nm，Al 组分为 25%，再加上 3 nm 厚的 GaN 帽层，产生的载流子浓度约为 $0.8 \times 10^{13} / \mathrm{cm}^2$。根据界面的光滑度和异质结构的晶体质量，相关的电子迁移率可以达到 2000 $\mathrm{cm}^2 / (\mathrm{V \cdot s})$ 以上，2DEG 方块电阻大约为 400 Ω / sq。

为进一步增加沟道载流子密度，可以增加势垒层厚度或增加 AlGaN 势垒层的 Al 组分。然而，应变的 AlGaN 层具有临界厚度[68]，当超过临界厚度时该层将开始弛豫。这种弛豫将导致载流子密度降低、陷阱俘获、可靠性下降，或通过缺陷延伸形成栅极泄漏电流。因此，2DEG 的形成具有一个上限厚度。例如，对于纯 AlN 势垒层[69]，开始发生弛豫的临界厚度仅为 5～8 nm。

增加载流子密度的另一种方法是用 In 取代部分 Ga 原子。在极端情况下，InAlN 材料[70]在 17% 的铟浓度下可以与 GaN 实现晶格匹配。由于 InAlN 具有较大的带隙和强自发极化，故 InAlN/GaN 势阱中的 2DEG 载流子密度非常高（甚至高达 $2.5 \times 10^{13} / \mathrm{cm}^2$）。由于 InAlN 与 GaN 的晶格匹配，其相对于 GaN 沟道层没有应变，这可能对异质结构的可靠性产生有利影响。不过，通常 In 的偏析效应会影响含 In 的 III 族氮化物层，从而导致这些层中的泄漏电流过大。图 1.7 给出了所描述的三种势垒层中的 2DEG 载流子密度随势垒层厚度的变化曲线。

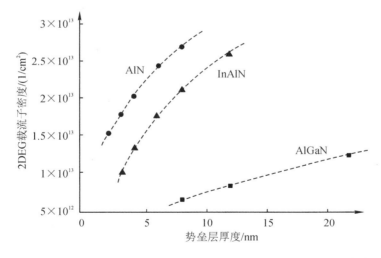

图 1.7　三种势垒层中的 2DEG 载流子密度随势垒层厚度的变化曲线

在 AlGaN/GaN 异质结构中，GaN 沟道层也起着重要作用，它有助于获得高电子迁移率。GaN 沟道层的表面粗糙度将决定其与势垒层之间的界面粗糙度，其背景杂质水平和位错结构将决定电子散射中心的数量。

同时，GaN 沟道层需要具有足够高的电阻，以防止在 2DEG 之外形成泄漏电流。例如，在高电场条件下，短栅极边缘会导致泄漏电流的剧增，该现象称为穿通[71]。有几种不同的

"底部作用"可以更好地将电子限制在 2DEG 沟道。第一个是用低 Al 组分的 AlGaN"背势垒"层取代 GaN 沟道层的底层[72]。由于存在极化效应以及 AlGaN 层的带隙较大，能带将发生弯曲并形成势垒，从而减小电子穿透到较低层的概率。该方法的缺点在于，AlGaN 材料的热导率明显低于 GaN 材料，这会导致沟道温度升高，并且 AlGaN 材料更容易出现可能导致陷阱俘获效应的点缺陷。背势垒也可以由 InGaN 材料构成，这种情况仅仅取决于极化电荷偏移的影响，而非带隙偏移[72]。另一种方法是在 GaN 沟道层的下部掺杂 Fe 或 C 杂质，使其产生 p 型层，以减小 2DEG 电子穿透到较低层的概率。但要合理使用这些方法，因为这些杂质的充电和放电会对 2DEG 密度造成影响，并可能产生电流崩塌效应[73]。此外，特别是 Fe 杂质掺杂具有显著的记忆效应，会导致掺杂出现拖尾效应，当 Fe 离子太靠近有源区时可能会影响电子迁移率。

1.8.4　帽层和表面钝化层

GaN 基电子器件的成功得益于 AlGaN/GaN 异质结材料优异的性能，在 AlGaN/GaN 异质结的界面可形成 2DEG，并由此产生 HEMT 器件[51]。极化电荷偏移和界面能带带阶共同使 AlGaN/GaN 异质结的导带中形成了一个量子阱，该量子阱位于费米能级以下。在这个界面下方的二维平面上，电子可以自由移动。由于这些电子被集中到二维电子气中，不会受到引起载流子散射的掺杂杂质的影响，所以电子迁移率很高，甚至超过 $2000 \text{ cm}^2/(\text{V} \cdot \text{s})$。

然而，由于 2DEG 中的载流子密度并不像其他半导体那样由杂质掺杂的热激活决定，而是由极化和能带共同决定，因此 2DEG 对结构的表面电势非常敏感。在该技术的早期，一些论文讨论了虚栅以及直流射频频散的起源，其中晶体管有源区（非栅控）的表面态会导致 2DEG 缓慢衰减耗尽[74]。研究表明，由 SiN 作为钝化层可以缓解频散效应[75]，因为电离的 Si 原子可以补偿表面电荷从而稳定表面电势。通常，SiN 层的沉积采用等离子体增强化学气相沉积（PECVD）或低压化学气相沉积（LPCVD），也可以采用 MOCVD[76]。这种情况下，除了少量的加工工艺，敏感的 AlGaN 势垒层大部分时间不会暴露在空气中（即使在从 MOCVD 反应腔中取出外延层时也是如此）。此种情况下，势垒层表面不容易被污染或氧化，从而不会改变表面电荷状态。

进一步研究在 MOCVD 反应腔中原位生长 SiN，可以发现一些有趣的性质：

第一，通过弹性反冲检测分析（ERDA）确认了 SiN 层较为致密且氢含量低于 5%，远远低于 PECVD 生长的 SiN（氢含量高达 30%）的典型值。

第二，TEM 分析显示 SiN 的第一个单层在 AlGaN 势垒上外延生长，从而大幅减少了产生相关界面态的悬挂键数量。据报道，通过 CVD 催化沉积的 SiN 层也有类似的结构[77]。

第三，研究表明，原位 SiN 可以降低 (In)Al(GaN) 势垒材料的应变诱导弛豫。从 Hall 和 XRD 测量结果可以看出，在势垒层中具有相对较高的 Al 组分并且用原位 SiN 覆盖的

HEMT 异质结材料具有较低的 AlGaN 势垒层弛豫度以及较高的 2DEG 密度。在后续文献中[78]，详细的生长研究表明，生长暂停或外延生长后的冷却过程中，AlGaN 势垒层中 Ga 元素的外扩散会形成沟槽，从而引起势垒层弛豫。这说明单层原位 SiN 可以阻止这种机制。通过这种方法，原位 SiN 可以使 AlGaN/GaN 异质结材料朝着更高的 Al 组分和更高的 2DEG 密度方向发展。一种值得注意的可能性是使用纯 AlN 作为势垒层材料[69]。在所有可能的 $Al_xIn_yGa_{1-x-y}N$ 合金中，AlN 具有最大的带隙和最大的 GaN 极化偏移。势垒层可以很薄（如 5 nm），同时保持高于 $10^{13}/cm^2$ 的高电子密度。由于栅极与 2DEG 之间的电容耦合大大增强，因此，在这种结构上制作的晶体管具有更高的跨导，而跨导是决定射频器件频率响应的主要参数之一。此外，短沟道效应（即当晶体管的栅极长度小于 $0.15\ \mu m$ 时，由于栅长与栅到沟道的距离之比（理想情况下高于 15）减小而使器件的跨导降低）也会被显著抑制。

从热稳定性可以看出，原位 SiN 也有利于 HEMT 热稳定性的提高。Medjdoub 等人在热存储实验中研究了 HEMT 结构的退化情况[79]，研究结果表明：在实验条件下（高达 950℃），有原位 SiN 的样品没有出现退化，而没有原位 SiN 的样品在 700℃ 时退化明显。

1.9　结论

在外延工艺中，衬底晶格决定着新生长晶体的结构和质量。理想情况下，晶体生长研究者希望使用同种材料的衬底，以尽量减少外延层中的晶体缺陷。采用同种材料衬底的器件，其物理性能以及可靠性比异质外延制作的器件更好或更突出。不过，由于制作所需的自支撑 GaN 衬底的 GaN 体单晶很难合成，因此，全球范围内的晶体生长研究者在积极地尝试通过低成本的方法来生长高质量的 GaN 晶体，其中，氨热生长法和 HVPE 法是很有前景的两种方法。用氨热法生长的 GaN 晶体质量优异，位错密度低至 $10^4/cm^2$，而用 HVPE 法生长的 GaN 晶体的位错密度高达 $10^6/cm^2$。在体单晶生长、籽晶制备以及自支撑 GaN 衬底上的同质外延中出现的一些困难同样也会出现在异质衬底上的 GaN 外延中。在 1.2 节中可以看到相同的基本物理问题，但对于薄层堆叠可以用不同的方式来处理这些问题。

考虑到 GaN 体单晶质量以及晶片直径仍存在很多限制，且异质外延是获得光电或电子应用所需产品最合适的晶体生长方法，晶体生长研究者可选择使用异质外延技术。到目前为止，异质外延技术已经相当成熟，除在现代照明解决方案中广泛使用蓝宝石上的 GaN 外，GaN 技术还涉足了其他电子应用领域。SiC 上的 GaN 已经在空间和国防的高端射频应用中占据主导地位，但是这种技术没有成本优势，从而阻碍了 GaN 的真正潜力，只能通过采用性价比高得多的 Si 基 GaN 技术来克服。在本书撰写之际，有几家供应商正在市场上推出 Si 基 GaN 功率开关[80-81]，其性能优于 Si 和 SiC 的同类产品。随着移动通信 5G 标准的部署，射频应用有望采用 Si 基 GaN 技术。为满足 5G 移动网络（"随时随地，任何人（任何物体）"）的要求，高效率、大带宽、高功率放大器必须采用 GaN 材料。这将给晶体生长研究者开发异质外延工艺带来额外挑战，其中在 300 mm 直径的 Si 衬底上生长 GaN 是下一代技术的关键。

GaN 是许多甚至没有在此提到的新应用的重要候选材料。充分讨论 GaN 在电子和其他应用方面的所有潜力将超出本章的讨论范围。但无论如何，同质外延和异质外延方法都是物理上强有力的方法和世界范围内关注的科学研究。到底哪种方法更好，在此也不必给出最终的判定。Si 上生长的 GaN 更符合市场需求，而 GaN 上同质生长的 GaN 虽价格昂贵，却提供了更多的选择，如垂直结构、激光器或其他应用。同质外延和异质外延这两种方法都很有吸引力，未来将共存于不同的应用热点领域。

参 考 文 献

[1]   https://www.zionmarketresearch.com/sample/led-lighting-market.

[2]   KHAN ASIF M, KUZNIA J N, OLSON D T. Microwave performance of a 0.25 μm gate AlGaN/GaN heterostructure field effect transistor[J]. Applied Physics Letters, 1994, 65(9): 1121-1123.

[3]   EHRENTRAUT D, MEISSNER E, BOCKOWSKI M. Technology of Gallium Nitride Crystal Growth[M]. Heidelberg: Springer Science & Business Media, 2010.

[4]   POROWSKI S, SADOVYI B, GIERLOTKA S, et al. The challenge of decomposition and melting of gallium nitride under high pressure and high temperature[J]. Journal Physics and Chemistry of Solids, 2015, 85: 138-143.

[5]   UTSUMI W, SAITOH H, KANEKO H, et al. Congruent melting of gallium nitride at 6GPa and its application to single-crystal growth[J]. Nature Materials, 2003, 2(11): 735-738.

[6]   KARPIŃSKI J, JUN J, POROWSKI S. Equilibrium pressure of N_2 over GaN and high pressure solution growth of GaN[J]. Journal of Crystal Growth, 1984, 66(1): 1-10.

[7]   SOKOL A G, PALYANOV Y N, SUROVTSEV N V. Incongruent melting of gallium nitride at 7.5 GPa[J]. Diamond and Related Materials, 2007, 16(3): 431-434.

[8]   HARAFUJI K, TSUCHIYA T, KAWAMURA K. Molecular dynamics simulation for evaluating melting point of wurtzite-type GaN crystal[J]. Journal of Applied Physics, 2004, 96(5): 2501-2512.

[9]   GRZEGORY I. High pressure growth of bulk GaN from solutions in gallium[J]. Journal of Physics: Condensed Matter, 2001, 13(32): 6875-6892.

[10]   KARPIŃSKI J, POROWSKI S. High pressure thermodynamics of GaN[J]. Journal of Crystal Growth, 1984, 66(1): 11-20.

[11]　BOCKOWSKI M. High nitrogen pressure solution growth of GaN[J]. Japanese Journal of Applied Physics, 2014, 53(10): 1-9.

[12]　RUDOLPH P. Handbook of crystal growth: bulk crystal growth[M]. 2nd ed. Amsterdam: Elsevier Verlagerung, 2015.

[13]　SUN G, MEISSNER E, BERWIAN P, et al. Application of a thermogravimetric technique for the determination of low nitrogen solubilities in metals: using iron as an example[J]. Thermochimica Acta, 2008, 474(1-2): 36-40.

[14]　ELWELL D, SCHEEL H J. The growth of crystals in solution[J]. Advances in Colloid and Interface Science, 1979, 10 (1): 215-252.

[15]　HUSSY S, MEISSNER E, FRIEDRICH J. Low-pressure solution growth (LPSG) of GaN templates with diameters up to 3 inch[J]. Journal of Crystal Growth, 2008, 310(4): 738-747.

[16]　MORI Y, IMADE M, MARUYAMA M, et al. Growth of GaN crystals by Na flux method[J]. ECS Journal of Solid State Science and Technology, 2013, 2(8): 3068-3071.

[17]　EHRENTRAUT D, MEISSNER E. A brief review on the Na-flux method toward growth of large-size GaN crystal[J]. Technology of GaN Crystal Growth, 2010, 133: 235-244.

[18]　DORADZIŃSKI R, DWILIŃSKI R, GARCZYŃSKI J, et al. Ammonothermal growth of GaN under Ammono-basic conditions[J]. Technology of Gallium Nitride Crystal Growth, 2010, 133: 137-160.

[19]　EHRENTRAUT D, KAGAMITANI Y, FUKUDA T, et al. Reviewing recent developments in the acid ammonothermal crystal growth of gallium nitride[J]. Journal of Crystal Growth, 2008, 310(17): 3902-3906.

[20]　D'EVELYN M P, EHRENTRAUT D, JIANG W, et al. Ammonothermal bulk GaN substrates for power electronics[J]. ECS Transactions, 2013, 58(4): 287-294.

[21]　ALT N S A, MEISSNER E, SCHLUECKER E. Development of a novel in situ monitoring technology for ammonothermal reactors[J]. Journal of Crystal Growth, 2012, 350(1): 2-4.

[22]　STEIGERWALD T G, ALT N S A, HERTWECK B, et al. Feasibility of density and viscosity measurements under ammonothermal conditions[J]. Journal of Crystal Growth, 2014, 403: 59-65.

[23]　ZHANG S, HINTZE F, SCHNICK W, et al. Intermediates in ammonothermal GaN crystal growth under ammonoacidic conditions[J]. European Journal of Inorganic Chemistry, 2013, 2013(31): 5387-5399.

[24]　ZHANG S, ALT N S A, SCHLÜCKER E, et al. Novel alkali metal amidogallates as intermediates in ammonothermal GaN crystal growth[J]. Journal of Crystal Growth, 2014, 403: 22-28.

[25]　RICHTER T M M, NIEWA R. Chemistry of ammonothermal synthesis[J]. Inorganics, 2014, 2(1): 29-78.

[26]　JUZA R, JACOBS H, GERKE H. Ammonothermalsynthese von metallamiden und metallnitriden [J]. Berichte der Bunsengesellschaft für Physikalische Chemie, 1966, 70(9-10): 1103-1105.

[27]　JACOBS V H, SCHOLZE H. Untersuchung des Systems Na/La/NH₃[J]. Zeitschrift für Anorganische

und Allgemeine Chemie，1976，427(1)：8-16.

[28] WEGNER B，ESSMANN R，JACOBS H，et al. Synthesis of barium imide from the elements and orientational disorder of anions in BaND studied by neutron diffraction from 8 to 294 K[J]. Journal of the Less Common Metals，1990，167(1)：81-90.

[29] ZACHWIEJA U，JACOBS H. Ammonothermalsynthese von kupfernitrid，Cu_3N[J]. Journal of the Less Common Metals，1990，161(1)：175-184.

[30] KASKEL S，KHANNA M，ZIBROWIUS B，et al. Crystal growth in supercritical ammonia using high surface area silicon nitride feedstock[J]. Journal of Crystal Growth，2004，261(1)：99-104.

[31] JACOBS H，MENGIS H. Preparation and crystal structure of a sodium silicon nitride，$NaSi_2N_3$[J]. Cheminform，1993，24(20)：43-45.

[32] JACOBS H，NYMWEGEN R. Darstellung und Kristallstruktur eines Kaliumnitridophosphats，$K_3P_6N_{11}$[J]. Zeitschrift für Anorganische und Allgemeine Chemie，1997，623(1-6)：429-433.

[33] HÄUSLER J，NEUDERT L，MALLMANN M，et al. Ammonothermal synthesis of novel nitrides: case study on $CaGaSiN_3$[J]. Chemistry-A European Journal，2017，23(11)：2583-2590.

[34] HERTRAMPF J，ALT N S A，SCHLÜCKER E，et al. $SrBa_2(NH_2)_6$: a new ternary amide from ammonothermal synthesis[J]. Zeitschrift für Anorganische und Allgemeine Chemie，2015，641(2)：234-237.

[35] YOSHIDA T，OSHIMA Y，WATANABE K，et al. Ultrahigh-speed growth of GaN by hydride vapor phase epitaxy[J]. Physica Status Solidi C，2011，8(7-8)：2110-2112.

[36] MARUSKA H P，TIETJEN J J. The preparation and properties of vapor-deposited single-crystalline GaN[J]. Applied Physics Letters，1969，15(10)：327-329.

[37] BOHNEN T，ASHRAF H，VAN DREUMEL G W G，et al. Enhanced growth rates and reduced parasitic deposition by the substitution of Cl_2 for HCl in GaN HVPE[J]. Journal of Crystal Growth，2010，312(18)：2542-2550.

[38] FUJITO K，KUBO S，NAGAOKA H，et al. Bulk GaN crystals grown by HVPE[J]. Journal of Crystal Growth，2009，311(10)：3011-3014.

[39] RICHTER E，GRÜNDER M，NETZEL C，et al. Growth of GaN boules via vertical HVPE[J]. Journal of Crystal Growth，2012，350(1)：89-92.

[40] LIPSKI F，KLEIN M，YAO X，et al. Studies about wafer bow of freestanding GaN substrates grown by hydride vapor phase epitaxy[J]. Journal of Crystal Growth，2012，352(1)：235-238.

[41] LEE K，LEE C R，CHUNG T H，et al. Optical characteristics of InGaN/GaN light-emitting diodes depending on wafer bowing controlled by laser-treated grid patterns[J]. Optics Express，2016，24(21)：24153-24160.

[42] GRZEGORY I，ŁUCZNIK B，BOCKOWSKI M，et al. Growth of bulk GaN by HVPE on pressure grown seeds[J]. Gallium Nitride Materials and Devices，2006，6121：55-65.

[43] ŁUCZNIK B，PASTUSZKA B，GRZEGORY I，et al. Deposition of thick GaN layers by HVPE on

the pressure grown GaN substrates[J]. Journal of Crystal Growth, 2005, 281(1): 38-46.

[44]　TEISSEYRE H, SKIERBISZEWSKI C, ŁUCZNIK B, et al. Free and bound excitons in GaN/AlGaN homoepitaxial quantum wells grown on bulk GaN substrate along the nonpolar (11$\overline{2}$0) direction[J]. Applied Physics Letters, 2005, 86(16): 162-112.

[45]　OSHIMA Y, YOSHIDA T, ERI T, et al. Thermal and electrical properties of high-quality freestanding GaN wafers with high carrier concentration[J]. Japanese Journal of Applied Physics, 2006, 45(10R): 76-85.

[46]　FUJIKURA H, KONNO1 T, YOSHIDA T, et al. Hydride-vapor-phase epitaxial growth of highly pure GaN layers with smooth as-grown surfaces on freestanding GaN substrates[J]. Japanese Journal of Applied Physics, 2017, 56(8): 085503.

[47]　YAMANE K, MATSUBARA T, YAMAMOTO T, et al. Origin of lattice bowing of freestanding GaN substrates grown by hydride vapor phase epitaxy[J]. Journal of Applied Physics, 2016, 119(4): 045707.

[48]　KROST A, DADGAR A. GaN-based devices on Si[J]. Physica Status Solidi A, 2002, 194(2): 361-375.

[49]　BROWN J D, NAGY W, SINGHAL S, et al. Performance of AlGaN/GaN HFETs fabricated on 100 mm silicon substrates for wireless basestation applications[C]//2004 IEEE MTT-S International Microwave Symposium Digest. IEEE, 2004, 2: 833-836.

[50]　CHENG K, LEYS M, DEGROOTE S, et al. AlGaN/GaN high electron mobility transistors grown on 150 mm Si (111) substrates with high uniformity[J]. Japanese Journal Applied Physics, 2008, 47(3R): 1553.

[51]　AMBACHER O, SMART J, SHEALY J R, et al. Two-dimensional electron gases induced by spontaneous and piezoelectric polarization charges in N-and Ga-face AlGaN/GaN heterostructures[J]. Journal of Applied Physics, 1999, 85(6), 3222-3233.

[52]　STRINGFELLOW G B. Organometallic vapor-phase epitaxy: theory and practice[M]. 2nd ed. Amsterdam: Elsevier Verlagerung, 1998.

[53]　https://www. aixtron. com/fileadmin/documents/Technologien/AIX_Broschuere_AIX_R6_low_DS. pdf.

[54]　https://www. aixtron. com/fileadmin/documents/Technologien/AIX_G5Plus_200mm_Low. pdf.

[55]　http://www. veeco. com/products/turbodisc-maxbright-m-gan-mocvd-system-for-ledproduction.

[56]　UEMOTO Y, HIKITA M, UENO H, et al. Gate injection transistor(GIT): a normally-off AlGaN/ GaN power transistor using conductivity modulation[J]. IEEE Transactions on Electron Devices, 2007, 54(12): 3393-3399.

[57]　http://www. laytec. de/epiras/.

[58]　LEYS M R, VAN OPDORP C, VIEGERS M P A, et al. Growth of multiple thin layer structures in the GaAs-AlAs system using a novel VPE reactor[J]. Journal of Crystal Growth, 1984, 68(1): 431-436.

[59]　ISHIKAWA H, YAMAMOTO K, EGAWA T, et al. Thermal stability of GaN on (111) Si substrate[J]. Journal of Crystal Growth, 1998, 189-190: 178-182.

[60]　WATANABE A, TAKEUCHI T, HIROSAWA K, et al. The growth of single crystalline GaN on a

Si substrate using AIN as an intermediate layer[J]. Journal of Crystal Growth, 1993, 128(1-4): 391-396.

[61] VISALLI D, VAN HOVE M, SRIVASTAVA P, et al. Experimental and simulation study of breakdown voltage enhancement of AlGaN/GaN heterostructures by Si substrate removal[J]. Applied Physics Letters, 2010, 97(11): 113501.

[62] YACOUB H, FAHLE D, FINKEN M, et al. The effect of the inversion channel at the AlN/Si interface on the vertical breakdown characteristics of GaN-based devices[J]. Semiconductor Science and Technology, 2014, 29(11): 115012.

[63] LUONG T T, LUMBANTORUAN F, CHEN Y Y, et al. RF loss mechanisms in GaN-based high-electron-mobility-transistor on silicon: role of an inversion channel at the AlN/Si interface[J]. Physica Status Solidi A, 2017, 214(7): 1600944.

[64] HIROYASU I, ZHAO G, NAOYUKI N, et al. GaN on Si substrate with AlGaN/GaN intermediate layer[J]. Japanese Journal of Applied Physics, 1999, 38: 492-494.

[65] FELTIN E, BEAUMONT B, LAÜGT M, et al. Stress control in GaN grown on silicon (111) by metalorganic vapor phase epitaxy[J]. Applied Physics Letters, 2001, 79(20): 3230-3232.

[66] UBUKATA A, IKENAGA K, AKUTSU N, et al. GaN growth on 150-mm-diameter (111) Si substrates[J]. Journal of Crystal Growth, 2007, 298: 198-201.

[67] REIHER A, BLÄSING J, DADGAR A, et al. Efficient stress relief in GaN heteroepitaxy on Si (111) using low-temperature AlN interlayers[J]. Journal of Crystal Growth, 2003, 248: 563-567.

[68] MATTHEWS J W, BLAKESLEE A E. Defects in epitaxial multilayers: I. Misfit dislocations[J]. Journal of Crystal Growth, 1974, 27: 118-125.

[69] CHENG K, DEGROOTE S, LEYS M, et al. AlN/GaN heterostructures grown by metal organic vapor phase epitaxy with in situ Si_3N_4 passivation[J]. Journal of Crystal Growth, 2011, 315(1): 204-207.

[70] MEDJDOUB F, ALOMARI M, CARLIN J F, et al. Barrier-layer scaling of InAlN/GaN HEMTs [J]. IEEE Electron Device Letters, 2008, 29(5): 422-425.

[71] WÜRFL J, BAHAT-TREIDEL E, BRUNNER F, et al. Device breakdown and dynamic effects in GaN power switching devices: dependencies on material properties and device design[J]. ECS Transactions, 2013, 50(3): 211-222.

[72] PALACIOS T, CHAKRABORTY A, HEIKMAN S, et al. AlGaN/GaN high electron mobility transistors with InGaN back-barriers[J]. IEEE Electron Device Letters, 2005, 27(1): 13-15.

[73] UREN M J, SILVESTRI M, CÄSAR M, et al. Intentionally carbon-doped AlGaN/GaN HEMTs: necessity for vertical leakage paths[J]. IEEE Electron Device Letters, 2014, 35(3): 327-329.

[74] IBBETSON J P, FINI P T, NESS K D, et al. Polarization effects, surface states, and the source of electrons in AlGaN/GaN heterostructure field effect transistors[J]. Applied Physics Letters, 2000, 77(2): 250-252.

[75] PRUNTY T R, SMART J A, CHUMBES E N, et al. Passivation of AlGaN/GaN heterostructures

with silicon nitride for insulated gate transistors[C]//Proceedings 2000 IEEE/Cornell Conference on High Performance Devices (Cat. No. 00CH37122). IEEE, 2000: 208-214.

[76] DERLUYN J, BOEYKENS S, CHENG K, et al. Improvement of AlGaN/GaN high electron mobility transistor structures by in situ deposition of a Si_3N_4 surface layer[J]. Journal of Applied Physics, 2005, 98(5): 054501.

[77] HIGASHIWAKI M, ONOJIMA N, MATSUI T, et al. Effects of SiN passivation by catalytic chemical vapor deposition on electrical properties of AlGaN/GaN heterostructure field-effect transistors[J]. Journal of Applied Physics, 2006, 100(3): 033714.

[78] CHENG K, LEYS M, DEGROOTE S, et al. Formation of V-grooves on the (Al, Ga)N surface as means of tensile stress relaxation[J]. Journal of Crystal Growth, 2012, 353(1): 88-94.

[79] MEDJDOUB F, MARCON D, DAS J, et al. GaN-on-Si HEMTs above 10 W/mm at 2 GHz together with high thermal stability at 325 ℃[C]//The 5th European Microwave Integrated Circuits Conference. IEEE 2010: 37-40.

[80] https://www.infineon.com/cms/en/product/promopages/gallium-nitride/.

[81] http://gansystems.com/transistors.php.

[82] RUMYANTSEV S L, SHUR M S, LEVINSHTEIN M E. Materials properties of nitrides: summary[J]. International Journal of High Speed Electronics and Systems, 2004, 14(01): 1-19.

[83] RYOU J H, LEE W, LIMB J, et al. Control of quantum-confined stark effect in InGaN/GaN multiple quantum well active region by p-type layer for III-nitride-based visible light emitting diodes[J]. Applied Physics Letters, 2008, 92(10): 36-38.

[84] LEROUX M, GRANDJEAN N, LAÜGT M, et al. Quantum confined Stark effect due to built-in internal polarization fields in (Al, Ga)N/GaN quantum wells[J]. Physical Review B, 1998, 58(20): R13371.

[85] POHL U W. Epitaxy of semiconductors: introduction to physical principles[M]. Berlin: Springer Science & Business Media, 2013.

第 2 章

横向 GaN 基 HEMT 器件及其结构

Chang Soo Suh

2.1 引言

晶体管在功率转换应用中通常作为"开关"型器件工作,其电极上的电压值在额定范围内交替变化,从而实现电流的开关控制。如图 2.1 所示,为了使关断损耗最小化,功率开关器件在关态下的电流应当小到可以忽略不计。为确保器件的非理想效应(如信号振铃和浪涌)出现时仍能在电路或系统中稳定工作,器件应能够承受较大的关断电压(V_{off}),并具有

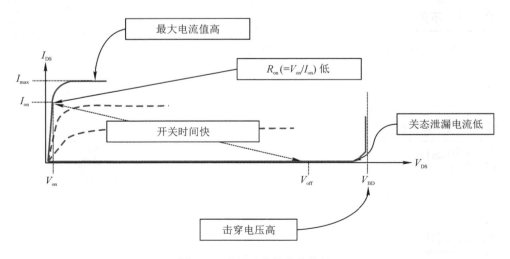

图 2.1 理想开关器件的特性

足够的击穿电压(V_{BD})裕量。在导通状态下,当器件流过较大的饱和电流(I_{max})时,其相应的导通电阻(R_{on})应尽可能低,以最大限度地减少开态导通损耗。此外,器件应能在"开""关"两种状态之间快速转换,从而最大限度地减少开关损耗。虽然任何半导体器件都可以通过器件设计实现上述某一种特性,但要同时满足以上多个特性则需要权衡,并且理论上这些器件性能的极限值取决于材料的基本性质。

过去几十年中,硅(Si)一直是制造半导体功率开关器件的首选材料。但近年来,随着器件性能的不断提升,Si 基器件越来越接近由其材料性能所决定的理论极限,器件性能的提升速度已经减缓。由于对器件性能的要求逐渐提高,同时对电源转换系统的工作频率的要求也在不断提高,因此具有超越 Si 材料理论极限的Ⅲ族氮化物半导体材料有望成为下一代功率开关器件的首选材料。目前氮化镓(GaN)基高电子迁移率晶体管(HEMT)的研究正处于该领域的前沿。

表 2.1 列出了相关半导体的多种材料特性以及与功率开关应用相关的品质因数(FOM),表中的 FOM 值已根据 GaN 材料数值进行了归一化处理。Baliga 品质因数(BFOM)定义了使导通损耗最小化的材料参数,因此其主要与低频应用相关。Baliga 高频品质因数(BHFFOM)则定义了使高频开关应用中总功率损耗最小化的材料参数[1]。虽然这两种品质因数都体现了Ⅲ族氮化物(GaN、AlN)的性能优于其他半导体,但这种优越性最先在高频应用中表现出来。自 1993 年 Khan 等人[2]首次发明了 GaN 基 HEMT 器件以来,对 GaN 的研究在多个领域都取得了巨大进展,使各种 GaN 基器件的性能能够超越 Si 材料的极限。本章将介绍基本的 GaN 基 HEMT 器件,然后分节介绍用于提高沟道迁移率、抑制电流崩塌效应、提高击穿电压和实现增强型器件的创新型结构。

表 2.1　不同半导体材料在室温下的材料特性和关键功率品质因数(相对于 GaN)

材料	Si	GaAs	4H-SiC	GaN	AlN
E_g/eV	1.12	1.42	3.23	3.29	6.2
ε_r	11.7	12.9	9.66	8.9	8.5
$\mu_n/[\text{cm}^2/(\text{V}\cdot\text{s})]$	1350	8500	900	1265	300
$E_C/(\text{MV/cm})$	0.3	0.4	2.5	3.75	11.7
$v_s/(10^7\ \text{cm/s})$	1	2	1.9	2.5	1.4
$K_{th}(E_C v_s/2\pi)$	1.3	0.55	3.7	2.5	2.85
$\text{BFOM}(\varepsilon\mu_n E_g^3)$[1]	0.051	0.716	0.668	1	1.386
$\text{BHFFOM}(\mu_n E_C^2)$[1]	0.007	0.076	0.316	1	2.309

2.2 常规 GaN 基 HEMT 器件

与其他半导体材料相比，GaN 材料最独特、最重要的特征之一就是它无需掺杂或外加电场就能够形成超薄的、高导电性的沟道。如图 2.2 所示，当在较厚的 GaN 层上生长一层相对较薄的 AlGaN 层（通常厚度为 20～25 nm）时，由于极化场和施主表面态的作用，在 AlGaN/GaN 异质结界面正下方会立即形成密集的电子"云"[3]。该电子云被垂直限制在很薄的三角形势阱中，类似于 Si 基金属-氧化物-半导体器件（MOS）结构中的反型沟道。由于类似一层薄电荷层，这层电子"云"被称为二维电子气（2DEG），作为 GaN 基 HEMT 器件的导电沟道。因此，AlGaN/GaN 异质结构通常被称为 GaN 基 HEMT 结构。虽然Ⅲ族氮化物相互组合得到的多种异质结构均会在其异质结界面形成 2DEG，但目前最常用的是 AlGaN/GaN 异质结构。

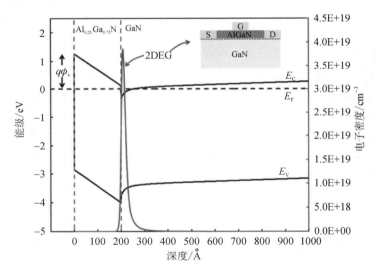

图 2.2　沿 AlGaN/GaN 异质结构垂直方向的能带图和 2DEG 电子分布图（使用 Michael Grundmann 博士开发的自洽一维泊松-薛定谔求解器 BandEng 进行模拟）

GaN 存在纤锌矿（WZ）和闪锌矿（ZB）两种结构，但由于表现出强极化特性的纤锌矿结构更稳定，故目前主要使用的 GaN 结构为纤锌矿结构。如图 2.3 中纤锌矿 GaN 结构的三维球棍模型所示，在四面体结构中，每个 Ga 原子与四个 N 原子键合，反之亦然。由于平行于 $[0001]$ 或 $[000\bar{1}]$ 轴的所有 Ga-N 键都指向同一方向，因此围绕 $[0001]$ 或 $[000\bar{1}]$ 轴存在单轴各向异性，导致沿该轴方向存在净自发极化。自发极化意味着在平衡的无应变晶体中存在内建极化场。对于纤锌矿这类具有不对称性的晶体结构，其沿反演对称性的晶体方向表现出自发极化，且极化强度取决于组成该晶体的原子的离子性。如图 2.3 中短线所标注的，由于 GaN 的强离子性，使邻近的且不成键的 Ga 原子和 N 原子之间存在额外的静电引力。这种静电引力产生的附加力会导致晶体结构变形，使得 Ga 原子和 N 原子从理想位置移位，从而引发 GaN 晶体内部产生显著的自发极化[4]。

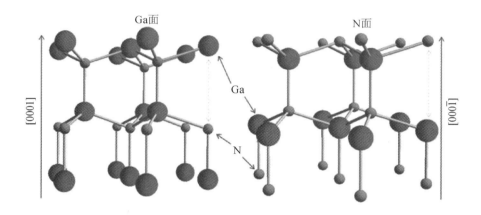

图 2.3　Ga 面(左)和 N 面(右)方向生长的纤锌矿 GaN 结构三维球棍模型图

在 GaN 基 HEMT 结构中，较薄的 AlGaN 层以赝晶的方式生长在 GaN 层上方。由于 AlGaN 与 GaN 材料之间的晶格常数不同，使 AlGaN 层受到张应变，应变造成的附加形变导致了压电极化。压电极化是由机械应力导致的晶格畸变诱发极化场而产生的极化。与自发极化不同，纤锌矿结构和闪锌矿结构都会发生压电极化，然而纤锌矿结构中的压电极化比闪锌矿结构中的压电极化强度高了约一个数量级。

如图 2.4 所示，由于体材料内偶极子的相互抵消，极化模型以在上表面和下表面具有相反符号的固定表面电荷薄层(σ_{POL})来表示[5]。对于 Ga 面和 N 面生长的材料，它们的极化电荷符号相反。目前，功率开关相关产业使用的大部分 GaN 材料都生长在 Ga 面上。如图 2.5 所示，在较厚的完全弛豫的 GaN 层内，仅存在自发极化；而在赝晶生长的 AlGaN 层内，既存在自发极化又存在压电极化。由于极化电荷密度远远超过 10^{13} cm^{-2}，因此 AlGaN 层内产生了较大的内建电场，该电场对 2DEG 的形成至关重要。

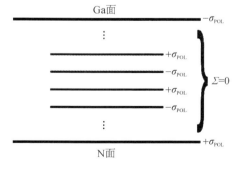

图 2.4　极化模型(内部的偶极子相互抵消，只留下了上表面和下表面极性相反的固定电荷层)

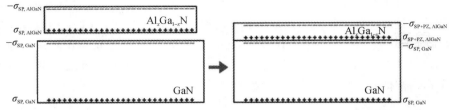

单层材料仅存在自发极化(SP)电荷,当较薄的AlGaN层在较厚的GaN层上赝晶生长时,
AlGaN层中存在自发极化和压电极化(PZ)诱导的电荷。

图 2.5　极化诱导电荷示意图

除了极化作用,氮化物半导体的表面特性也有助于 AlGaN/GaN 界面 2DEG 的形成。在生长的 $Al_xGa_{1-x}N$ 表面,存在部分填充的正电荷施主态,它们位于导带边缘下方 $\Phi_s(x) \approx 1 + x (eV)$ 处[6]。如图 2.6 所示,2DEG 中的电子是由这些表面态提供的。为满足电中性条件,表面态的存在对抵消 2DEG 中的负电荷十分必要。总的来说,表面态和极化场共同作用产生了 2DEG,其密度(n_s)由 Al 组分和 AlGaN 层厚度(t_{AlGaN})决定。

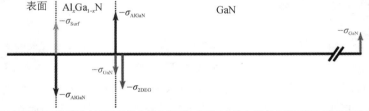

(a) AlGaN/GaN异质结中不同极性电荷的图示,2DEG中的电子来自表面部分填充的施主态

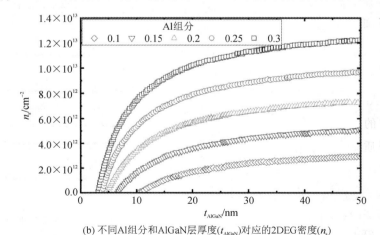

(b) 不同Al组分和AlGaN层厚度(t_{AlGaN})对应的2DEG密度(n_s)

图 2.6　AlGaN/GaN 异质结材料内不同电荷分布与对应关系

2.3　具有高迁移率的结构

随着工作频率的增加，开关时间对于大功率开关应用愈发重要。如图 2.7 所示，随着频率的增加，开关时间与导通时间的比值增大（即在给定的时间范围内，开关次数增加）。虽然增加器件面积会降低导通损耗，但由于电容增加，导致开关时间变长，从而增加开关损耗，反之亦然。在给定的频率下，当所设计的器件的导通损耗和开关损耗相同时，总功率损耗最小。在相同的导通和开关损耗条件下，最小功率损耗如下：

$$P_{\text{Loss, min}} \propto \frac{\sqrt{f}}{\sqrt{\mu}\, E_{\text{C}}}$$

其中，μ 为沟道迁移率，E_{C} 为临界电场[7]。由于 E_{C} 由材料决定，频率 f 由应用决定，因此需要更高的沟道迁移率来降低功率损耗。

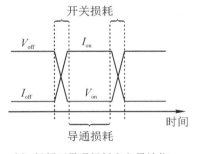 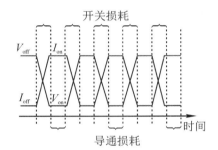

(a) 低频下导通损耗占主导地位　　　　　(b) 高频下开关损耗变得显著

图 2.7　低频和高频开关应用中电流、电压随时间变化示意图

在 AlGaN/GaN 基 HEMT 结构中，几乎没有电离施主存在，这有助于 2DEG 沟道获得高迁移率。然而，AlGaN 晶体内 Ga 和 Al 的随机分布造成的合金散射成为限制 AlGaN/GaN 基 HEMT 迁移率的主要因素[6]。为了减弱合金散射，Hsu 和 Walukiewicz[8] 首先提出在 AlGaN/GaN 异质结界面引入 AlN 插入层。由于 AlN 和 GaN 之间的导带偏移（ΔE_{C}）大于 AlGaN 和 GaN 之间的导带偏移，因此 2DEG 向势垒层中隧穿的概率降低。图 2.8 对比了具有 1 nm AlN 插入层和没有 AlN 插入层的 AlGaN/GaN 基 HEMT 结构的导带图（E_{C}）和 2DEG 电子分布。插入 AlN 层后，由于 AlN 的极化系数大于 AlGaN 的极化系数，故 2DEG 密度略有增加。2DEG 向势垒层隧穿的现象仅限制于 AlN 层内，从而消除了通常发生在三元 AlGaN 层中的合金散射。

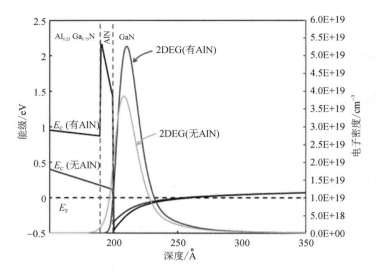

图 2.8　有无 1 nm AlN 插入层的 AlGaN/GaN 异质结界面的能带图（仅显示导带）和 2DEG 电子分布
（仿真使用 Michael Grundmann 博士开发的自洽一维泊松-薛定谔求解器 BandEng 进行模拟）

　　虽然使用 AlN 插入层可改善 2DEG 迁移率并提升器件性能这一结论已被广泛报
道[9-12]，但它可能不适用于在栅极施加大的正向电压这类情况。AlN 层的厚度波动（小到
单分子层）可以显著改变 AlGaN/AlN 层的有效势垒高度。如图 2.9 所示，当栅极正向偏压

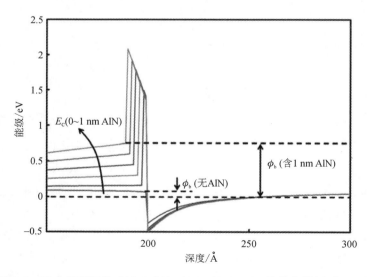

图 2.9　正向偏压下的 AlGaN/AlN/GaN 基 HEMT 结构能带图（仅显示导带，仿真使用
Michael Grundmann 博士开发的自洽一维泊松-薛定谔求解器 BandEng 进行模拟）

为 1 V 时，2DEG 和 $Al_{0.25}Ga_{0.75}N$ 层之间的有效势垒高度（ϕ_b）可以从没有 AlN 时的小于 0.1 eV 增加到有 1 nm AlN 时的约 0.75 eV。由于功率开关器件的典型栅极宽度介于几十到几千毫米之间，因此，即使采用最先进的材料生长技术，如分子束外延（MBE）和金属有机物化学气相沉积（MOCVD），栅极下方 AlN 层的局部厚度波动也不可避免。当栅极处于正偏状态时，由于局部势垒高度降低，栅极下方 AlN 较薄的位置将比栅极其他部分传导更多电流，从而导致栅极过早退化和击穿[13]。

2.4　抑制电流崩塌的结构

当 GaN 基 HEMT 器件在关态下承受较高的漏极电压时，器件切换到开态后会出现输出电流下降的现象。这种现象通常被称为电流崩塌，其严重程度随关态应力电压和开关速度的增加而加剧，如图 2.10 所示。相对于直流（DC）输出电流，脉冲输出电流随脉冲宽度的缩短而降低，类似于更高频率的开关。虽然电流崩塌不是永久性的，但由于其完全恢复所需的时间一般在几秒量级，因此对于功率开关应用会造成一定的影响。电流崩塌也被称为频散、DC-RF 频散、膝点退化或动态 R_{on}。

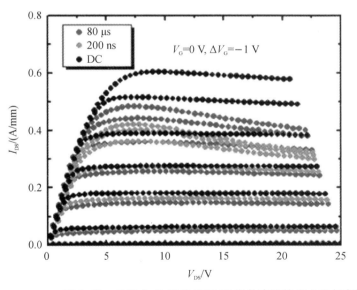

图 2.10　无应力 GaN 基 HEMT 器件直流输出电流与高漏压应力后的脉冲输出电流的对比

GaN 基 HEMT 器件发生电流崩塌的主要原因之一在于栅极靠近漏极侧的 AlGaN 表面的陷阱俘获电子[3]。图 2.11 展示了一个被广泛接受的表面俘获效应模型。在处于高 V_D（状态Ⅰ）的关态应力下，正表面态俘获来自栅金属的电子，形成反向偏置的"虚栅"。在立即撤掉高 V_D 应力并切换到开态（状态Ⅱ）后，由于脱陷时常数大，形成"虚栅"的大部分电荷仍然存在，从而降低了栅极下方 2DEG 的浓度。因此，相对于未加应力时，漏极电流减小，导通电阻 R_on 增加。只有带电表面态（状态Ⅲ）完全脱陷后，漏极电流和导通电阻 R_on 才能完全恢复。

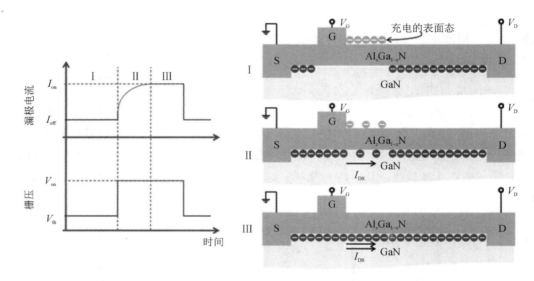

图 2.11　AlGaN/GaN 基 HEMT 器件产生电流崩塌的表面俘获机制示意图

用一层氮化硅（SiN_x）薄膜来钝化 AlGaN 表面，可以显著抑制由 AlGaN 表面陷阱俘获电子而导致的电流崩塌效应[14]。虽然应用 SiN_x 来抑制电流崩塌效应的机制尚未完全明晰，但在制造工艺流程中尽早钝化表面将有助于防止 AlGaN 表面退化，并保持 AlGaN 和 SiN_x 层之间的高质量界面。使用原位 SiN_x 钝化层的 GaN 基 HEMT 器件可以防止 AlGaN 表面在制造过程中暴露于空气，并且与传统方法的使用外延设备将 SiN_x 沉积在外部的器件相比，该器件电流崩塌得到有效抑制，并且均匀性得到改善[15-18]。由于原位 SiN_x 的沉积是在外延设备中进行的，因此它的沉积温度可以比其他常用沉积设备的典型温度更高，从而沉积的质量更好。如图 2.12 所示，原位 SiN_x 钝化层可以用作肖特基栅器件的单独钝化层，也可以用作金属-绝缘体-半导体（MIS）栅器件的多层钝化层的一部分。

SiN_x 钝化工艺的另一种替代方法是使用表面和 2DEG 之间距离较大的 HEMT 结构。由于 2DEG 与 AlGaN 基 HEMT 表面的距离很近（通常为 15～25 nm），因此很小的表面势

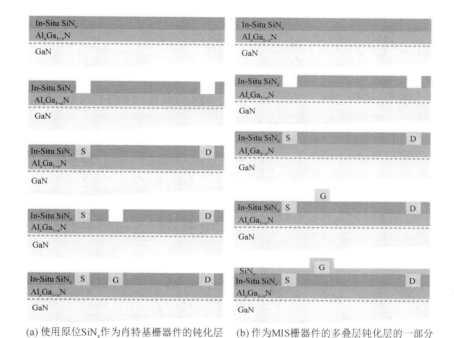

(a) 使用原位SiN$_x$作为肖特基栅器件的钝化层　　(b) 作为MIS栅器件的多叠层钝化层的一部分

图 2.12　GaN 基 HEMT 工艺流程的横截面示意图(从上到下)

变化都会对 2DEG 产生显著影响。表面电势调制沟道电荷的能力与表面和沟道之间的距离呈反比,因此增加 2DEG 与 AlGaN 表面之间的距离有助于抑制电流崩塌。然而,由于 AlGaN 层与 GaN 层之间存在晶格失配,过度增加 AlGaN 层的厚度会导致应变弛豫。尽管可以在不改变 AlGaN 层中机械应力的情况下生长厚的 GaN 帽层,但为了补偿 GaN 帽层内的极化场,并防止 GaN/AlGaN 界面顶部的空穴积累,仍需要在 AlGaN 势垒层和 GaN 帽层之间插入 Si 掺杂的渐变 AlGaN 层,如图 2.13 所示。虽然这种方法增加了工艺复杂性(如源极、漏极和栅极的金半接触必须通过深凹槽刻蚀到达 AlGaN 势垒层后才能形成),但其制作的器件在不使用任何 SiN$_x$ 钝化层的情况下表现出了优异的脉冲 I-V 特性,Shen 等人[12]的研究证明了这一点。

沿着栅漏有源区从沟道注入到表面的热电子也会引起电流崩塌效应(由 AlGaN 表面俘获电子导致)[19]。如 2.3 节所述,使用 AlN 插入层显著增加了 2DEG 与 AlGaN 表面之间的势垒高度。Lee 等人[20]研究发现使用 AlN 插入层除了可以增加沟道迁移率之外,还可以抑制电流崩塌,图 2.14 中分别给出的有 AlN 插入层/无 AlN 插入层的器件脉冲 I-V 输出曲线证明了这一点。

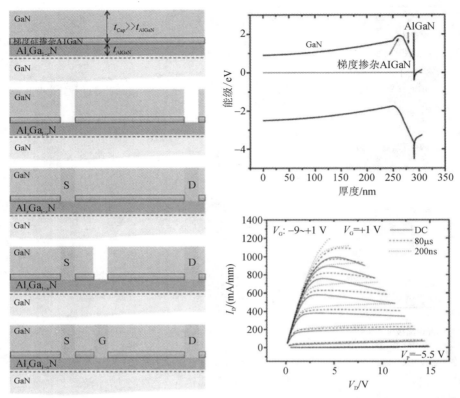

(a) 厚GaN帽层(无钝化)HEMT结构的工艺流程图　　(b) 外延材料的能带图及脉冲I-V输出曲线

图 2.13　HEMT 器件流程图、外延材料的能带图及

脉冲 I-V 输出曲线

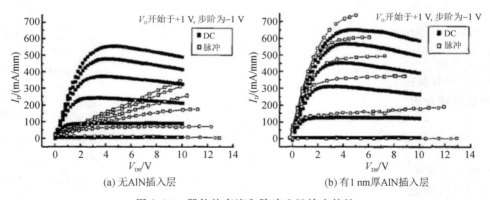

(a) 无AlN插入层　　　　　　　　　(b) 有1 nm厚AlN插入层

图 2.14　器件的直流和脉冲 I-V 输出特性

在高漏极电压下，特别是在高温下，关态应力会在栅漏有源区的漏极边缘引起电势急剧下降或电场高度集中，这会导致 GaN 和 2DEG 下面的缓冲层发射空穴，形成负电荷。在器件开启后，这些负电荷被中和的速度比典型的电源开关速度要慢得多，从而引起电流崩塌效应。如图 2.15 所示，Kaneko 等人[21]通过引入由普通 n 型欧姆接触和 p-GaN 空穴注入接触组成的混合漏极，使器件在电压高达 850 V 时的动态导通电阻(R_{on})效应大幅降低。从漏极注入的空穴补偿了空穴发射引起的影响，从而消除了电流崩塌。

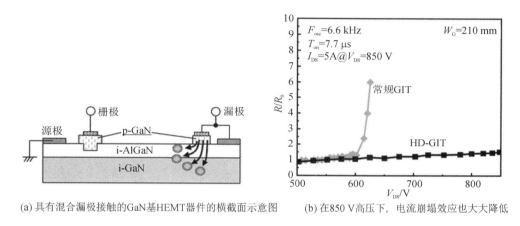

(a) 具有混合漏极接触的GaN基HEMT器件的横截面示意图　　(b) 在850 V高压下，电流崩塌效应也大大降低

图 2.15　混合漏极器件结构与其抑制电流崩塌效应示意图

2.5　在高压状态下工作的结构

在关态条件下，由于栅漏耗尽区中的固定正电荷会镜像到栅极金属边缘，因此 AlGaN/GaN HEMT 器件中的最大电场出现在靠近漏极一侧的栅极边缘。因为整个耗尽区的电场分布很不均匀，所以 V_{BD} 并不完全与栅漏间距(L_{GD})呈比例。由于表面态产生的"虚栅"的长度随着漏极电压的增加而增加，同时"虚栅"使耗尽区内的电场分布均匀，因此没有钝化的器件通常表现出更高的 V_{BD}，且 V_{BD} 与 L_{GD} 呈线性关系[22]。然而如前文所述，由于"虚栅"中被俘获的电荷恢复缓慢，故该器件不适用于功率开关应用。

不同结构场板的使用在很大程度上提升了 AlGaN/GaN HEMT 的 V_{BD}[22-27]。如图 2.16 所示，场板是栅漏有源区上方金属电极的延伸。场板在电场线的终止端提供了额外的边缘，分散了有源区的电场分布，但是会导致器件电容的增大。通过控制场板的侧边斜率，可以进一步改善电场分布。解析模型预测了侧边倾斜角小于 30°(从表面测量)时 V_{BD} 将得到显著提升[28]。研究表明，使用大约为 15°角的倾斜场板，耗尽型(D-mode)器件的 V_{BD} 可以超过 2 kV[22]，增强型(E-mode)器件的 V_{BD} 可以超过 1.4 kV[29]，有报道还证实了低至 6°角的非对称倾斜场板技术[31]同时适用于耗尽型和增强型器件。图 2.17 给出了倾斜场板的横截面图。

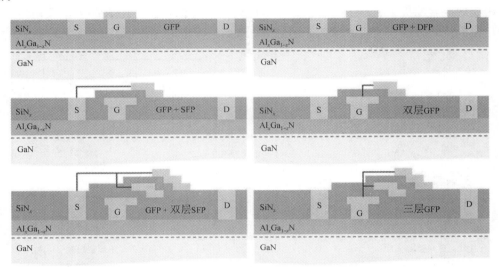

图 2.16 不同结构的场板横截面示意图(最佳配置由所需的驱动电压及电路需求决定)

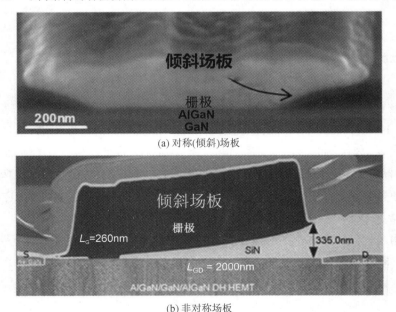

(a) 对称(倾斜)场板

(b) 非对称场板

图 2.17 AlGaN/GaN HEMT 结构上的倾斜场板的横截面图

Nakajima 等人[32]给出了另一种电场管理方法，即在栅漏有源区中使用极化超结（PSJ），如图 2.18 所示。PSJ 利用 GaN/AlGaN/GaN 双异质结构中上下异质结界面的极化电荷补偿效应来实现电荷平衡，从而实现电场的均匀分布。然而，由于顶部 GaN/p-GaN 层提高了表面电势，导致 2DEG 耗尽，因此 PSJ 区域中的 2DEG 密度降低。从概念上讲，这种方法与硅基的超结 MOS 器件非常相似。

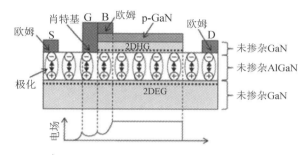

(a) 具有 PSJ 电场管理结构的 GaN/AlGaN/GaN HEMT 器件的截面示意图

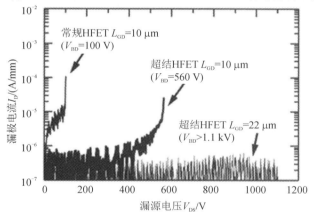

(b) PSJ 结构使器件的 V_{BD} 从 100 V 增加到 560 V

图 2.18　使用 PSJ 结构的 HEMT 器件结构与特性

2.6　在常关型状态下工作的结构

与常开型（或称为耗尽型，D-mode）器件相比，高功率开关应用通常需要常关型（或称为增强型，E-mode）器件，以简化偏置要求并增加安全性。耗尽型器件需要负的栅极偏置源，且 GaN 基耗尽型高压器件所需的偏置范围通常大于增强型器件所需的偏置范围。当耗尽型器件失去栅极控制时，可能会对整个电路或电路模块产生不利的影响。此外，阈值电压（V_{th}）需要大于 1 V 以防止由于栅极信号噪声和直通引起的意外导通。结构最简单的 AlGaN/GaN HEMT 是耗尽型器件，因此必须去除栅极区域下方的 2DEG 才能实现增强型工作。

图 2.19 给出了实现 AlGaN/GaN HEMT 器件增强型工作的三种主要方法。第一种方法是使用金属-绝缘体-半导体（MIS）结构，其中栅极下方的 AlGaN 层厚度需减薄至 2DEG 耗尽的厚度，或者完全去除 AlGaN 层[30,33-34]。这种方法是未来功率开关行业的一个可行选择，但目前仍面临各种挑战，如 V_{th} 的稳定性和沟道迁移率降低等问题。第二种方法是将带负电荷的离子（例如氟或氢）注入到栅极下方的 AlGaN 层[35-36]。这种方法虽然成功实现了增强型工作，但器件在高温和电场应力下 V_{th} 的不稳定性阻碍了其在业界的应用[30,36]。最后一种方法是在栅极金属和 AlGaN 势垒之间使用 p 型 GaN 层来耗尽沟道[30,37-40]。目前，这种方法在业界的应用最为广泛。

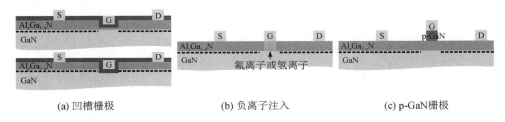

(a) 凹槽栅极   (b) 负离子注入   (c) p-GaN 栅极

图 2.19　实现 AlGaN/GaN HEMT 器件增强型工作的主要方法

p-GaN 帽层 HEMT 器件的常规工艺流程从 p-GaN/AlGaN/GaN 叠层开始，有源区的 p-GaN 层和源极/漏极欧姆接触区域的 p-GaN 被刻蚀掉，以在这些区域中形成 2DEG。这种器件结构的一个缺点在于需要在 2DEG 密度和 V_{th} 之间进行权衡。如图 2.20 所示，为了增

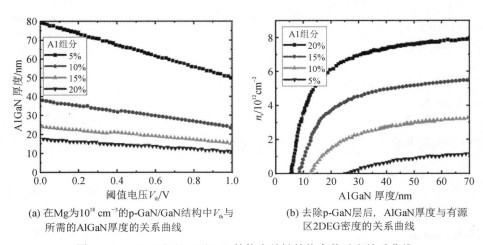

(a) 在 Mg 为 10^{18} cm^{-3} 的 p-GaN/GaN 结构中 V_{th} 与
所需的 AlGaN 厚度的关系曲线

(b) 去除 p-GaN 层后，AlGaN 厚度与有源
区 2DEG 密度的关系曲线

图 2.20　p-GaN/AlGaN/GaN 结构中关键结构参数对应关系曲线

加 V_{th}，必须减小 AlGaN 势垒层的厚度，从而降低 2DEG 密度。此外，增强型器件所需的 AlGaN 势垒层厚度应该处于 2DEG 密度与 AlGaN 厚度变化关系曲线的斜率较大处。因此，如果在 p-GaN 刻蚀过程中刻蚀掉一定厚度的 AlGaN 层，则有源区中 2DEG 的方块电阻会迅速增加。

为了打破有源区中 V_{th} 和 2DEG 密度之间的权衡，需要改进器件结构。改进结构应满足 p-GaN 栅极区域下方 AlGaN 势垒层较薄且有源区 AlGaN 势垒层较厚的要求，如图 2.21 所示。这种类型器件的制作需要再生长工艺，但由于通常Ⅲ族氮化物的再生长界面含有高浓度的施主杂质，因此再生长的应用仅限于 n 型欧姆接触[41]。2016 年，Okita 等人[42]开发了一种再生长 p-GaN/AlGaN 层的突破性技术，用该技术制作出了具有均匀 V_{th} 和低 R_{on} 的高压器件。此外，再生长技术也可同时应用于 2.5 节中所讨论的混合 p-GaN 漏极接触。

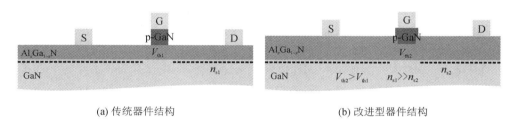

(a) 传统器件结构　　　　　　　　　　(b) 改进型器件结构

图 2.21　传统 p-GaN/AlGaN/GaN 器件结构与改进型器件结构

参 考 文 献

[1] BALIGA B J. Power semiconductor device figure of merit for high-frequency applications[J]. IEEE Electron Device Letters，1989，10(10)：455-457.

[2] KHAN M A，BHATTARAI A，KUZNIA J N，et al. High electron mobility transistor based on a GaN-Al$_x$Ga$_{1-x}$N heterojunction[J]. Applied Physics Letters，1993，63(9)：1214-1215.

[3] VETURY R. Polarization Induced 2DEG in AlGaN/GaN HEMTs：on the origin，DC and transient characterization[D]. USA：University of California，Santa Barbara，2000.

[4] HANADA T. Basic properties of ZnO，GaN，and related materials[M]//Oxide and nitride semiconductors：processing，properties and applications. Berlin，Heidelberg：Springer，2009，12：1-19.

[5] MISHRA U，SINGH J. 8.6 polar materials and structures，in semiconductor device physics and design，dordrecht，The Netherlands (Springer，2007).

[6] JENA D. Polarization induced electron populations in III-V nitride semiconductors：transport，growth，and device applications[M]. USA：University of California，Santa Barbara，2003.

[7] HUANG A Q. New unipolar switching power device figures of merit[J]. IEEE Electron Device

Letters，2004，25(5)：298-301.

[8] HSU L，WALUKIEWICZ W. Effect of polarization fields on transport properties in AlGaN/GaN heterostructures[J]. Journal of Applied Physics，2001，89(3)：1783-1789.

[9] SHEN L，HEIKMAN S，MORAN B，et al. AlGaN/AlN/GaN high-power microwave HEMT[J]. IEEE Electron Device Letters，2001，22(10)：457-459.

[10] SUH C S，DORA Y，FICHTENBAUM N，et al. High-breakdown enhancement-mode AlGaN/GaN HEMTs with integrated slant field-plate[C]//2006 International Electron Devices Meeting. IEEE，2006：1-3.

[11] HAO Y，YANG L，MA X，et al. High-performance microwave gate-recessed AlGaN/AlN/GaN MOS-HEMT with 73% power-added efficiency[J]. IEEE Electron Device Letters，2011，32(5)：626-628.

[12] SHEN L，COFFIE R，BUTTARI D，et al. Unpassivated GaN/AlGaN/GaN power high electron mobility transistors with dispersion controlled by epitaxial layer design[J]. Journal of Electronic Materials，2004，33(5)：422-425.

[13] COFFIE R，CHEN Y C，SMORCHKOVA I，et al. Impact of AlN interalayer on reliability of AlGaN/GaN HEMTS[C]//2006 IEEE 44th Annual International Reliability Physics Symposium Proceedings. IEEE 2006：99-102.

[14] GREEN B M，CHU K K，CHUMBES E M，et al. The effect of surface passivation on the microwave characteristics of undoped AlGaN/GaN HEMTs[J]. IEEE Electron Device Letters，2000，21(6)：268-270.

[15] DERLUYN J，BOEYKENS S，CHENG K，et al. Improvement of AlGaN/GaN high electron mobility transistor structures by in situ deposition of a Si_3N_4 surface layer[J]. Journal of Applied Physics，2005，98(5)：054501.

[16] HEYING B，SMORCHKOVA I P，COFFIE R，et al. In situ SiN passivation of AlGaN/GaN HEMTs by molecular beam epitaxy[J]. IEEE Electronics Letters，2007，43(14)：779-780.

[17] JIANG H，LIU C，CHEN Y，et al. Investigation of in situ SiN as gate dielectric and surface passivation for GaN MISHEMTs[J]. IEEE Transactions on Electron Devices，2017，64(3)：832-839.

[18] MOENS P，LIU C，BANERJEE A，et al. An industrial process for 650V rated GaN-on-Si power devices using in-situ SiN as a gate dielectric[C]//2014 IEEE 26th International Symposium on Power Semiconductor Devices & IC's (ISPSD). IEEE，2014：374-377.

[19] BRANNICK A，ZAKHLENIUK N A，RIDLEY B K，et al. Modelling of hot electron effects in GaN/AlGaN HEMT with AlN interlayer[M]//Simulation of Semiconductor Processes and Devices 2007. Springer，Vienna，2007：281-284.

[20] LEE J S，KIM J W，LEE J H，et al. Reduction of current collapse in AlGaN/GaN HFETs using AlN interfacial layer[J]. IEEE Electronics Letters，2003，39(9)：750-752.

[21] KANEKO S, KURODA M, YANAGIHARA M, et al. Current-collapse-free operations up to 850 V by GaN-GIT utilizing hole injection from drain[C]//2015 IEEE 27th International Symposium on Power Semiconductor Devices & IC's (ISPSD). IEEE, 2015: 41-44.

[22] DORA Y. Understanding material and process limits for high breakdown voltage aluminum gallium nitride/gallium nitride HEMTs[M]. University of California, Santa Barbara, 2006: 3206411.

[23] ZHANG N Q, KELLER S, PARISH G, et al. High breakdown GaN HEMT with overlapping gate structure[J]. IEEE Electron Device Letters, 2000, 21(9): 421-423.

[24] SAITO W, TAKADA Y, KURAGUCHI M, et al. High breakdown voltage AlGaN-GaN power-HEMT design and high current density switching behavior[J]. IEEE Transactions on Electron Devices, 2003, 50(12): 2528-2531.

[25] IKEDA N, KAYA S, LI J, et al. High power AlGaN/GaN HFET with a high breakdown voltage of over 1.8 kV on 4 inch Si substrates and the suppression of current collapse[C]//2008 20th International Symposium on Power Semiconductor Devices and IC's. IEEE, 2008: 287-290.

[26] XING H, DORA Y, CHINI A, et al. High breakdown voltage AlGaN-GaN HEMTs achieved by multiple field plates[J]. IEEE Electron Device Letters, 2004, 25(4): 161-163.

[27] CHU R, CORRION A, CHEN M, et al. 1200-V normally off GaN-on-Si field-effect transistors with low dynamic on-resistance[J]. IEEE Electron Device Letters, 2011, 32(5): 632-634.

[28] COFFIE R. Slant field plate model for field-effect transistors[J]. IEEE Transactions on Electron Devices, 2014, 61(8): 2867-2872.

[29] SUH C S, DORA Y, FICHTENBAUM N, et al. High-breakdown enhancement-mode AlGaN/GaN HEMTs with integrated slant field-plate[C]//2006 International Electron Devices Meeting. IEEE, 2006: 1-3.

[30] SUH C S. Enhancement-mode gallium nitride-based HEMTs for high-voltage switching applications [M]. University of California, Santa Barbara, 2008: 3342053.

[31] WONG J, SHINOHARA K, CORRION A L, et al. Novel asymmetric slant field plate technology for high-speed low-dynamic R on E/D-mode GaN HEMTs[J]. IEEE Electron Device Letters, 2016, 38(1): 95-98.

[32] NAKAJIMA A, SUMIDA Y, DHYANI M H, et al. GaN-based super heterojunction field effect transistors using the polarization junction concept[J]. IEEE Electron Device Letters, 2011, 32(4), 542-544.

[33] SAITO W, TAKADA Y, KURAGUCHI M, et al. Recessed-gate structure approach toward normally off high-voltage AlGaN/GaN HEMT for power electronics applications[J]. IEEE Transactions on Electron Devices, 2006, 53(2): 356-362.

[34] OKA T, NOZAWA T. AlGaN/GaN recessed MIS-gate HFET with high-threshold-voltage normally-off operation for power electronics applications[J]. IEEE Electron Device Letters, 2008, 29(7): 668-670.

[35] CAI Y, ZHOU Y, CHEN K J, et al. High-performance enhancement-mode AlGaN/GaN HEMTs using fluoride-based plasma treatment[J]. IEEE Electron Device Letters, 2005, 26(7): 435-437.

[36] LU B, SAADAT O I, PINER E L, et al. Enhancement-mode AlGaN/GaN HEMTs with high linearity fabricated by hydrogen plasma treatment[C]//2009 Device Research Conference. IEEE, 2009: 59-60.

[37] HU X, SIMIN G, YANG J, et al. Enhancement mode AlGaN/GaN HFET with selectively grown pn junction gate[J]. IEEE Electronics Letters, 2000, 36(8): 753-754.

[38] UEMOTO Y, HIKITA M, UENO H, et al. Gate injection transistor (GIT)-A normally-off AlGaN/GaN power transistor using conductivity modulation[J]. IEEE Transactions on Electron Devices, 2007, 54(12): 3393-3399.

[39] HILT O, KNAUER A, BRUNNER F, et al. Normally-off AlGaN/GaN HFET with p-type Ga gate and AlGaN buffer[C]//2010 22nd International Symposium on Power Semiconductor Devices & IC's (ISPSD). IEEE, 2010: 347-350.

[40] WONG K Y R, KWAN M H, YAO F W, et al. A next generation CMOS-compatible GaN-on-Si transistors for high efficiency energy systems[C]//2015 IEEE International Electron Devices Meeting (IEDM). IEEE, 2015: 9.5.1-9.5.4.

[41] HEIKMAN S J. MOCVD growth technologies for applications in AlGaN/GaN high electron mobility transistors[D]. University of California, Santa Barbara, 2002.

[42] OKITA H, HIKITA M, NISHIO A, et al. Through recessed and regrowth gate technology for realizing process stability of GaN-GITs[C]//2016 28th International Symposium on Power Semiconductor Devices and ICs (ISPSD). IEEE, 2016: 23-26.

第 3 章

垂直型 GaN 基电力电子晶体管

Srabanti Chowdhury，Dong Ji

3.1　引言

宽禁带（WBG）半导体材料的广泛应用推动了电力电子器件的发展，其功率转换效率已超过了硅（Si）基器件的极限，实现了显著的节能效益。近年来，氮化镓（GaN）基电力电子器件的发展取得了令人瞩目的进展。降低能量转换损耗不仅对于极大地减少资源的消耗至关重要，而且有助于实现新型紧凑架构，降低新产业的系统成本，为提高功率转换性能奠定基础。相对于接近其材料物理极限的 Si 材料，GaN 材料能够使电力电子器件在更高的工作频率下以及更宽的工作温度范围内高效地工作。当器件在较高频率下工作时，可以通过减小无源器件和散热器的尺寸来降低系统整体的体积、重量并降低成本。例如，横向 Si 基 GaN HEMT 在 100 kHz、800 V 条件下的转换效率超过了 99%[1]。研究还表明，用于驱动感应电动机的 GaN 基（横向）开关逆变器可以使系统整体平均效率提高 5%[2]。目前横向 GaN 基器件技术相对成熟，已经进入了中功率（高达 10 kW）转换市场，而垂直型 GaN 基器件正在向大功率（10 kW～10 MW）转换方向发展。研究人员正在积极探索垂直型 GaN 基器件及其可行的制造技术，以定义和规划与这些器件相关的发展路线。

垂直型 GaN 基器件虽然与垂直型 Si 基器件在某些方面类似，但也具有独特的特点。本章将重点讨论两种主要类型的垂直型 GaN 基器件结构，即耗尽型电流孔径垂直电子晶体管（CAVET）和增强型金属-氧化物-半导体场效应晶体管（MOSFET）。鉴于这两种器件的拓扑结构目前正处于广泛研究之中，下面将基于最新的实验数据和已有的研究成果，与读者共同探讨这些器件的特性。

3.2 电流孔径垂直电子晶体管(CAVET)

CAVET 是垂直型 GaN 基器件,它的设计充分利用了基于极化作用的二维电子气(2DEG)。CAVET 内包括一个传输电流的 2DEG 沟道和一个厚的同质外延漂移区以维持阻断电压。CAVET 的结构有两种:① 平面型 CAVET;② 凹槽型 CAVET。本节将结合相关研究成果对这两种器件的设计进行讨论。在讨论这些方法之前,我们需要先了解 CAVET 的工作原理。

3.2.1 CAVET 的工作原理

AlGaN/GaN 界面处感生的正极化电荷会导致能带弯曲,从而在界面处形成三角形的量子阱,电子被正电荷吸引(如图 3.1 所示)。高密度电子被束缚在三角形量子阱中,形成 2DEG。在零栅压下,沟道因 2DEG 而导电,器件处于导通状态。在导通状态下,电子从源极进入 2DEG 沟道,然后流向漂移区,最终被漏极收集。栅极与电流阻断层(CBL)的重叠部分即为有效沟道长度。

关断 2DEG 沟道需要一个负偏置栅压。在关态下,栅极电势使沟道中的电子耗尽(如图 3.2 所示)。p 型 GaN(或 CBL 或 Mg 注入)与漂移区形成的 pn 结阻断了沟道。

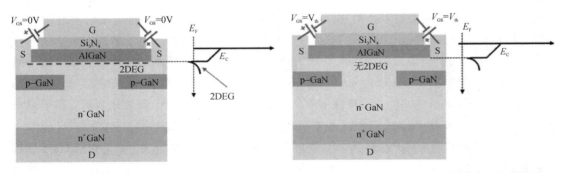

图 3.1 开态 GaN 基 CAVET 的横截面和导带图   图 3.2 关态 GaN 基 CAVET 的横截面和导带图

1. 平面型 CAVET

2004 年,研究人员首次研制出了在蓝宝石衬底上生长的 GaN 基 CAVET[3](如图 3.3 所示)。器件结构以 p-GaN/n⁻ GaN/n⁺ GaN 外延层为基础,将孔径区域刻蚀掉,利用 MOCVD 工艺再生长 AlGaN/GaN HEMT 结构对孔径区域进行填充并充当沟道。GaN 基 CAVET 最早是为了射频(RF)应用而设计的。2008 年,有团队报道了第一种基于 GaN 衬底并采用 Mg 离子注入形成 CBL 的 GaN 基功率 CAVET[4]。器件从导电 GaN 衬底上利用 MOCVD 工艺生长的 n⁻GaN 层开始，然后在选择的区域进行 Mg 离子注入形成 CBL 以阻挡除孔径区域外其他路径的电流，顶层 AlGaN/GaN 结构通过 MBE 再生长。Chowdhury 等人[5]制作了第一个具有开关特性的高压 CAVET，其击穿电压达到 300 V，$R_{\mathrm{on,sp}}$ 为 2.2 mΩ·cm² （如图 3.4 所示）。2014 年，Avogy Inc. 的 H. Nie 等人在 GaN 体衬底上制作了一种 1.5 kV 的 JFET（CAVET 的一种变体），在器件研制方面取得了重大进展。

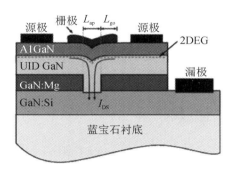

图 3.3　蓝宝石衬底上生长的 GaN 基 CAVET 的横截面

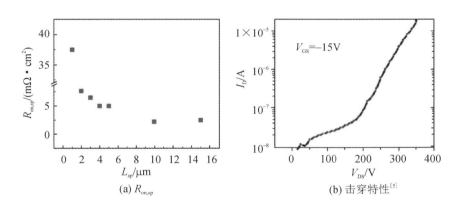

(a) $R_{\mathrm{on,sp}}$　　　　　　　(b) 击穿特性[5]

图 3.4　CAVET 的器件特性

CAVET 类似于 GaN 基 HEMT，为耗尽型器件，然而功率开关要求器件在常关态下工作。因此，应用于 HEMT 的一些典型技术也可以用于 CAVET，使其正常关断。迄今为止，已经提出了三种实现增强型 CAVET 的方法：① 级联结构[6]；② p-GaN 栅结构[7-8]；③ 凹槽栅结构[9]。

图 3.5 给出了级联（Cascode）结构的设计，采用低压增强型 Si 基 MOSFET 作为输入

端，高压耗尽型 CAVET 作为输出端。图 3.5(a)中箭头给出了正向导通时电流的路径。在正向导通时，总的导通电阻(R_{on})是 MOSFET 的 R_{on} 和 CAVET 的 R_{on} 之和。在反向导通周期中(如图 3.5(b)所示)，电流流过 Si 基 MOSFET 的体二极管和 CAVET 沟道。需要注意的是，CAVET 的体二极管始终不参与电流传输。

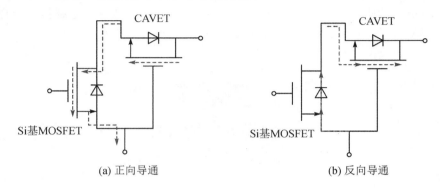

(a) 正向导通　　　　　　　　　　　(b) 反向导通

图 3.5　级联 CAVET 结构图

第二种实现增强型 CAVET 或类 CAVET 器件的方法是采用 p-GaN 栅。在零栅压下，2DEG 沟道中的电子被 p-GaN 栅耗尽。据相关报道，采用 p-GaN 栅可获得 0.5 V[7]或 2.5 V[8]的正阈值电压(如图 3.6 所示)。

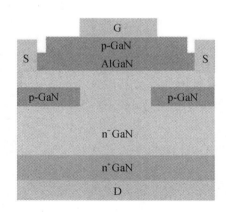

图 3.6　具有 p-GaN 栅的垂直型 GaN 基 CAVET 的结构[7]

2. 凹槽型 CAVET

凹槽型 CAVET 的结构如图 3.7 所示。侧壁沟道中的电子被 p-GaN 基区耗尽，器件处于常关状态。阈值电压取决于侧壁的倾斜程度。仿真研究表明，垂直侧壁(90°)可使器件获得大于 1 V 的阈值电压。

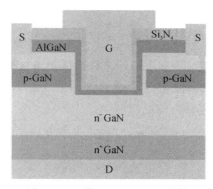

图 3.7　凹槽型 CAVET 的结构

3.2.2　功率开关中的 CAVET

在功率开关中，CAVET 需要具有高击穿电压和低导通电阻（R_{on}）。下面将说明一个优良的 CAVET 功率开关所需具备的因素。

1. 高击穿电压

理想情况下，CAVET 利用 p-GaN 基区和 n-GaN 漂移区形成的 pn 结来阻断高压。为了简便，图 3.8 中使用 pn 结二极管来代表关态 CAVET。

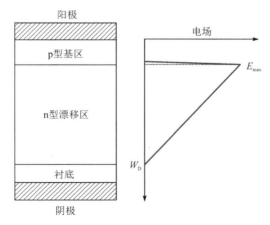

图 3.8　理想漂移区和三角形电场分布

关态时，在阴极施加一个正电压可以得到沿耗尽区的三角形电场分布。根据泊松方程，最大电场 E_{max} 可表示为

$$E_{max} = \frac{qN_D}{\varepsilon_r \varepsilon_0} W_D$$

击穿电压 V_{BR} 可表示为

$$V_{\text{BR}} = \frac{1}{2} W_{\text{D}} E_{\text{C}}$$

图 3.9 给出了 CAVET 理想击穿电压随漂移区掺杂浓度变化的关系曲线，同时比较了几种已报道的大于 1 kV 的垂直型 GaN 基器件[7, 8, 10-12]。器件工程师可以通过电场管理设计出工作电压区间无法达到 E_{C} 的器件结构。

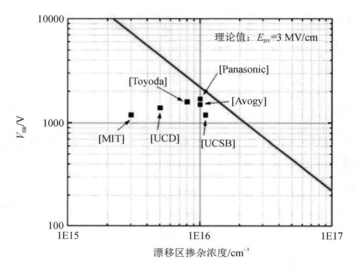

图 3.9　CAVET 理想击穿电压随漂移区掺杂浓度变化的关系曲线

2. 低导通电阻

GaN 基 CAVET 理想的比导通电阻 $R_{\text{on, tot}}$ 可表示为

$$R_{\text{on, tot}} = \rho_{\text{2DEG}} L_{\text{G}} p + \frac{W_{\text{D}}}{q \mu_{\text{n}} N_{\text{D}}}$$

由图 3.10 可知，对于给定电荷浓度的低击穿电压器件($V_{\text{BR}} < 2000$ V)，导通电阻受沟道电子迁移率的限制；而当 $V_{\text{BR}} > 2000$ V 时，导通电阻受漂移区 GaN 体迁移率的限制。

考虑到电流从孔径扩展到漂移区时(如图 3.11 所示)导通电阻会受到孔径区域的限制，故器件的 $R_{\text{on, tot}}$ 可以分为两个主要部分，即 AlGaN/GaN 沟道电阻 R_{CH} 和漂移区电阻 R_{DR}，它们可以分别表示为

$$R_{\text{CH}} = \frac{L_{\text{gs}} + L_{\text{go}}}{q \mu_{\text{2DEG}} n_{\text{2DEG}}} \left[2(L_{\text{gs}} + L_{\text{go}}) + L_{\text{ap}} \right]$$

$$R_{\text{DR}} = \frac{T_{\text{drift}}}{q \mu_{\text{n}} N_{\text{D, drift}}} \frac{2(L_{\text{gs}} + L_{\text{go}}) + L_{\text{ap}}}{2(L_{\text{gs}} + L_{\text{go}})} \ln \left[\frac{2(L_{\text{gs}} + L_{\text{go}}) + L_{\text{ap}}}{L_{\text{ap}}} \right]$$

其中，μ_{2DEG} 和 μ_n 分别为 2DEG 沟道和 GaN 体迁移率，模拟所用的数值分别为 1500 $cm^2/(V \cdot s)$ 和 900 $cm^2/(V \cdot s)$；n_{2DEG} 为沟道中的二维电子气密度；$N_{D, drift}$ 为漂移区的掺杂浓度。

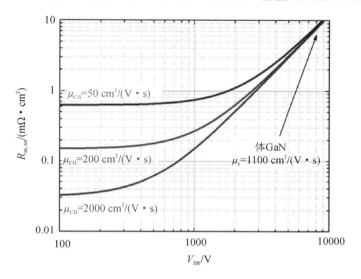

图 3.10　垂直型 GaN 基晶体管的品质因数

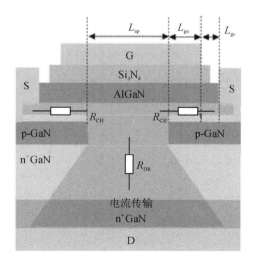

图 3.11　CAVET 中的导通电阻分布

　　图 3.12 给出了 $R_{on, tot}$、R_{DR} 和 R_{CH} 随孔径长度 L_{ap} 的变化。图中的方格表示数值结果，虚曲线表示解析结果，沟道电子迁移率取 1500 $cm^2/(V \cdot s)$，GaN 体迁移率取 900 $cm^2/(V \cdot s)$。L_{ap} 在 4～10 μm 之间时，$R_{on, tot}$ 达到最小，为 1.5 $m\Omega \cdot cm^2$[6]。

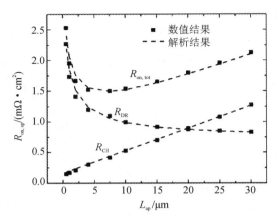

图 3.12 $R_{\mathrm{on,\,tot}}$、R_{DR} 和 R_{CH} 随 L_{ap} 的变化

3.3 CAVET 的开关特性

使用 Silvaco 混合模式（Mixed-Mode）平台内置的器件-电路-集成模型[6, 15] 可以分析 CAVET 的开关特性，仿真方法如图 3.13 所示。使用这种器件-电路-集成模型，可以从器件的二维漂移-扩散模型开始，一直构建到电路实现，以评估器件的开关性能。该混合模型提供了一种低成本且准确的方法来预测器件性能，并且可以应用到所有 GaN 基功率晶体管。

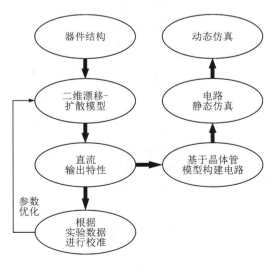

图 3.13 仿真方法流程图

由于 CAVET 为耗尽型器件，因此需要串联一个增强型 MOSFET 形成级联的 CAVET 来实现常关态工作。级联的 CAVET 可以进行开关工作，并生成详细的器件性能参数矩阵。

图 3.14 和图 3.15 给出了 1.2 kV 级联 CAVET 开启和关断时的开关特性，其 $R_{\text{on, tot}}$ 为 80 mΩ。从图 3.14 所示的波形来看，开启延迟时间 $T_{\text{on-delay}}$ 为 2 ns，上升时间 T_r 为 16 ns，其开启 $\Delta V/\Delta T$ 为 40 kV/μs。CAVET 的总栅极电荷为 88 nC。从图 3.15 所示的波形来看，其关断延迟时间 $T_{\text{off-delay}}$ 为 29.5 ns，下降时间 T_f 为 18 ns，其关断 $\Delta V/\Delta T$ 为 35.6 kV/μs。

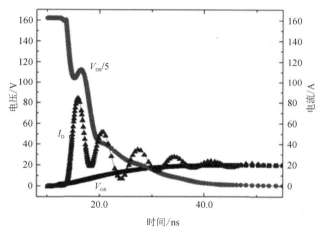

图 3.14　级联 CAVET 的仿真开启开关波形

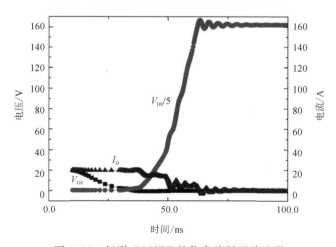

图 3.15　级联 CAVET 的仿真关断开关波形

图 3.16 对比了相同测试电流 $I_D = 20$ A 下不同功率晶体管的开关损耗。与商用 SiC 基 MOSFET(Cree CMF20120D)[16] 相比，级联 CAVET 在 $I_D = 20$ A 时的总开关能量为 610 μJ，

其开关能量损耗降低了 2/3 以上。

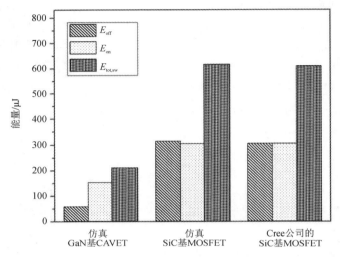

图 3.16　不同晶体管在 800 V 工作电压和 20 A 负载电流下的开关损耗对比

3.3.1　制造工艺的讨论

与 HEMT 相比,制造 GaN 基 CAVET 的工艺更为复杂。其中,制造 CAVET 的主要挑战之一是 CBL。CBL 被用来建立静电势垒,以阻止从漏极流向源极的电流,同时阻止任何其他路径的电流通过设计孔径以外的区域。CBL 可以通过 Mg 注入或 Mg 掺杂的 p-GaN 来形成。在下面的讨论中,将探讨四种制造工艺。

1. 利用 Mg 注入形成 CBL

利用 Mg 注入形成 CBL 的 CAVET 工艺流程示意图如图 3.17 所示。首先在 n^+ GaN 衬底上生长轻掺杂 n^- GaN,在设计的孔径区域上沉积金属或硬掩膜;然后注入 Mg 离子形成 CBL,物理掩膜阻止了孔径区域的离子注入,因此在孔径周围形成了 Mg 注入的 CBL;再使用 MBE 或 MOCVD 在样品的顶部生长 130 nm 厚的非故意掺杂(UID)GaN 和 25 nm 厚的 AlGaN 结构;之后再沉积 30 nm 厚的 Si_3N_4;最后沉积栅极、源极和漏极电极以完成完整器件的制造。

2. 利用 Mg 掺杂形成 CBL

通过在选择区域进行 p-GaN 再生长形成 CBL 的 CAVET 工艺流程示意图如图 3.18 所示。首先,使用二氧化硅(SiO_2)掩膜来保护孔径区域免受 GaN 刻蚀的影响,对顶部 GaN 层(和孔径区在同一层)进行 400 nm 深的刻蚀;然后,通过 p-GaN 层的选择性生长来形成 CBL;之后,通过 MBE 或 MOCVD 再生长 AlGaN/GaN 层,并以 Mg 注入的平面型 CAVET 所述的相同方式进行完整的器件制造。

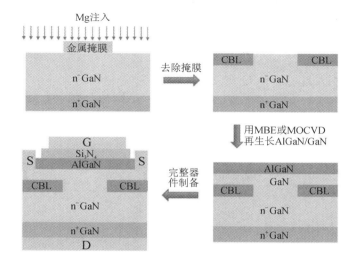

图 3.17　利用 Mg 注入形成 CBL 的 CAVET 工艺流程示意图

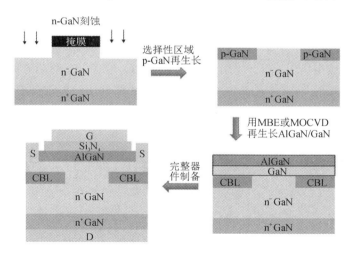

图 3.18　通过在选择区域进行 p-GaN 再生长形成 CBL 的 CAVET 工艺流程示意图

3. 孔径区域 GaN 再生长

由 n-GaN 再生长形成孔径区域的 CAVET 工艺流程示意图如图 3.19 所示。外延层包括 n⁻GaN 漂移区和重掺杂的 p-GaN 层。首先，刻蚀掉孔径区域中的 p-GaN 层；去除掩膜后，刻蚀的孔径区域通过 GaN 的再生长重新填充，沟道再生长过程与前面描述的过程相同；再生长后，通过刻蚀通孔以及随后在 700℃ 的氮气中退火脱氢来激活掩埋的 p-GaN 层；最后，沉积电极以完成器件制造。

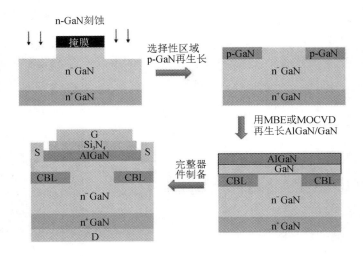

图 3.19 由 n-GaN 再生长形成孔径区域的 CAVET 工艺流程示意图

4. 孔径区域 Si 离子注入

通过 Si 离子注入形成孔径区域的 CAVET 工艺流程示意图如图 3.20 所示。器件制造从外延 pn 结结构开始，以覆盖 CBL 区域的光刻胶为掩膜对样品进行 Si 离子注入，因此注入仅发生在孔径区域中。注入后，使用氢氟酸去除 SiO_2 保护层，然后在 1280℃ 下进行注入后的退火以激活注入的 Si 并修复晶体损伤。该工艺过程的其余部分与之前所述类似。

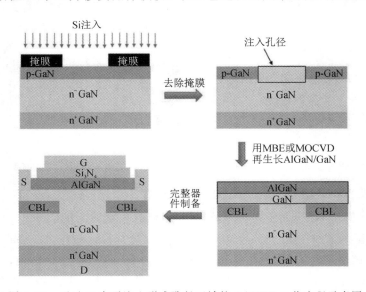

图 3.20 通过 Si 离子注入形成孔径区域的 CAVET 工艺流程示意图

3.3.2　凹槽型 CAVET

如图 3.3 中所示，传统 GaN 基 CAVET 的结构通常采用 Mg 注入 p-GaN 作为 CBL。在再生长过程中，Mg 的向外扩散问题成为主要挑战之一。如果 Mg 扩散到沟道区域，沟道电阻可能会显著增加，进而导致 2DEG 被耗尽。为避免 Mg 扩散到再生长沟道中，需要采用低温生长工艺来限制 CAVET 器件的沟道再生长温度。然而，低温 MOCVD 再生长工艺通常无法获得高质量的材料。尽管 MBE 再生长已被证明可以成功抑制 Mg 的扩散，但在富金属生长条件下可能形成垂直的高导电路径，导致器件短路。此外，MBE 再生长沟道需要将样品长时间暴露在空气中，这增加了再生长界面附着的环境污染物清除的难度。尽管 MOCVD 低温流量调制外延被认为是一种替代方法，但目前尚不清楚这种方法得到的材料质量是否可以满足大电流和高压器件的要求。这些挑战需要在制造 GaN 基 CAVET 器件时得到解决，以确保器件的性能和可靠性。

通过在传统的 CAVET 中引入凹槽栅结构可以解决上述问题，如图 3.21 所示[9]。凹槽型 CAVET 采用 MOCVD 生长的 Mg 掺杂 p-GaN 作为 CBL 的材料，而非采用 Mg 注入的 p-GaN。凹槽型 CAVET 是在凹槽侧壁上再生长 AlGaN/GaN 层作为沟道。凹槽侧壁的角度决定了沟道的极化程度，90°角表示非极性面，45°角表示半极性面，可通过凹槽侧壁角度调整凹槽型 CAVET 的阈值电压。除 AlGaN/GaN 沟道外，凹槽型 CAVET 的作用与凹槽型 MOSFET 类似。在传统的凹槽型 MOSFET 中，沟道由氧化物和 p 型半导体之间的反型层形成。受到粗糙的界面散射

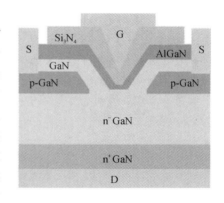

图 3.21　凹槽型 CAVET 示意图

的限制，反型层中的电子迁移率通常低于 $50\ \text{cm}^2/(\text{V}\cdot\text{s})$。然而，在凹槽型 CAVET 中，沟道由 2DEG 形成，可以利用 HEMT 结构中的高迁移率。理想情况下，凹槽型 CAVET 中的沟道迁移率高达 $1690\ \text{cm}^2/(\text{V}\cdot\text{s})$[8]。

目前，针对 GaN 材料，尚未出现可靠的氧化技术。然而，由于 GaN 基 HEMT 在过去十年蓬勃发展，在 AlGaN/GaN 结构上利用 MOCVD 原位生长的氮化硅（Si_3N_4）可使该结构表面具有低的界面陷阱，这对于确保器件的可靠性至关重要。凹槽型 CAVET 中，可以利用成熟的 HEMT 栅极绝缘技术来抑制栅极泄漏电流。

Ji 等人于 2016 年最先报道了在 GaN 衬底上的凹槽 MIS 栅 CAVET 器件。器件的 SEM 横截面如图 3.22 所示。该器件受到栅漏击穿的影响，其击穿电压为 225V。经过改进后，器件的击穿电压在导通电阻小于 $3\ \Omega\cdot\text{cm}^2$ 的情况下超过了 800 V。

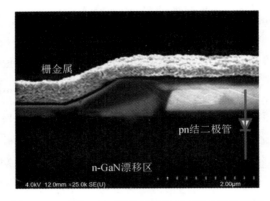

图 3.22　凹槽 MIS 栅 CAVET 的 SEM 横截面图

　　p-GaN 栅结构广泛应用于横向的增强型 GaN 基 HEMT 中。由于极化电荷诱导的 2DEG 具有较高的电子面密度，因此 p-GaN 栅 HEMT 的阈值电压通常小于 2 V。然而，由半极性平面形成沟道的 p-GaN 凹槽型 CAVET 中可以实现更高的正阈值电压。2016 年，Shibata 等人[8]首次证明了这一点（如图 3.23 所示）。他们基于 GaN 衬底上的 pn 结外延结构，采用电感耦合等离子体(ICP)刻蚀技术制备了 V 形凹槽，并用 MOCVD 方法在凹槽之上再生长了 p-GaN/AlGaN/GaN 三层结构。因为沟道位于半极性面而非 c 面，所以阈值电压正漂了 1.5 V，达到 2.5 V。13 μm 厚漂移层的特征导通电阻低至 1 m$\Omega \cdot$cm^2，且击穿电压为 1700 V[8]。

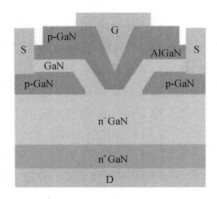

图 3.23　带有 p-GaN 栅的凹槽型 CAVET

　　凹槽型 MIS 栅 CAVET 的开态横截面示意图如图 3.24(a)所示。凹槽型 CAVET 的沟道位于 AlGaN/GaN 异质结的半极性面上。在零栅压下，由于半极性 AlGaN/GaN 异质结中存在极化电荷，导致电子在三角形量子阱中聚集而形成导电的 2DEG 沟道，导带图如图 3.24(b)所示，器件需要负栅极偏置电压才能关断。

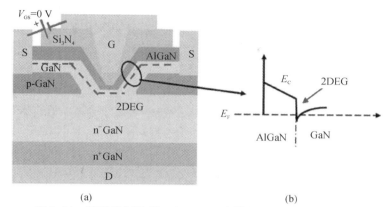

图 3.24　凹槽型 MIS 栅 CAVET 开态横截面示意图和导带图

图 3.25 给出了 p-GaN 凹槽型 CAVET 的横截面结构示意图和导带图。由于 p-GaN 的电导调制作用，电子在零栅压条件下完全耗尽，器件需要正栅极偏置电压才能开启。然而，p-GaN 凹槽栅 CAVET 上的最大栅压上限为 4 V，否则会导致栅极和源极之间 pn 结正偏，从而使栅极泄漏电流增加。

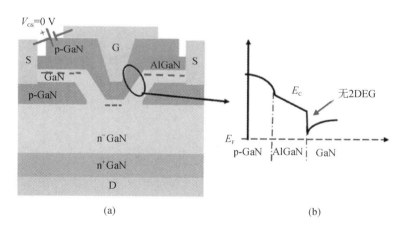

图 3.25　p-GaN 凹槽型 CAVET 横截面示意图和导带图

3.4　金属-氧化物-半导体场效应晶体管(MOSFET)

GaN 基 MOSFET 是另一类性能优异的器件，它提供了增强型的解决方案，而增强型的实现恰恰是 GaN 基 HEMT 设计的一个挑战。

目前报道的 MOSFET 有两种类型：① 非再生长型 MOSFET；② 再生长型 MOSFET，即氧化物与 GaN 插入层 FET(OGFET)。下面先简要介绍非再生长型 MOSFET，而后再重点介绍再生长型 MOSFET(OGFET)。

自 20 世纪 90 年代初干法刻蚀技术发展以来，凹槽型 MOSFET 一直是电力电子领域的主流器件结构[17]。迄今为止，Si 基和 SiC 基凹槽型 MOSFET 已经商业化并表现出优异的性能。然而，由于缺少 GaN 衬底材料，直到 2004—2005 年 GaN 基凹槽型 MOSFET 才被研发出来。2007 年，Otake 等人[18]报道了首个 GaN 基 MOSFET，且该器件的阈值电压高达 5.1 V。经过 7 年的研究，Oka 等人[10]于 2014 年报道了一种击穿电压为 1.6 kV 的器件。

图 3.26 给出了垂直型 GaN 基 MOSFET 结构。这类器件有一个关键特征，即源极和漏极之间的 pn 结由 p 型基区和 n 型漂移区构成。器件的击穿电压主要由 pn 结的反向特性决定。n^+ 源极区的一部分在 p 型基区上方，同时将 n^+ 源极区与 p 型基区形成的 pn 结与源极相连，这样可以消除 n-p-n 基区开路效应，提高击穿电压。位于刻蚀侧壁的沟道由 MOS 结构的反型层构成。

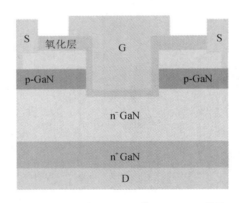

图 3.26　垂直型 GaN 基 MOSFET 结构

与 CAVET 结构相比，MOSFET 结构有两个主要优点：① MOSFET 是可靠的增强型器件，其阈值电压高达 2 V 以上；② 不需要再生长，其工艺难度小，可降低成本并缩短生产周期。这些优点使 MOSFET 结构成为垂直型 GaN 基晶体管的一种有吸引力的设计方案。然而，对于 GaN 基 MOSFET 来说，最大的挑战之一在于器件的沟道电子迁移率。在开态时，电子通过侧壁 MOS 结构的反型层流动，沟道电子迁移率容易受到表面粗糙度和杂质散射等因素的影响，这可能限制了器件性能。此外，器件的可靠性也是一个关键问题，因为其器件性能很容易受到较差的沟道特性影响，如果没有通过高可靠性测试，那么 GaN 基 MOSFET 就无法得到广泛的认可。

3.4.1　基于再生长的 MOSFET(OGFET)

GaN 基 OGFET 的结构是在传统凹槽型 MOSFET 的基础上改进而来的。与常规凹槽型 MOSFET 相比，OGFET 有两个特点：① 沟道区采用非故意掺杂(UID)的 GaN 插入层，减少了掺杂带来的库仑散射，从而提高了沟道电子迁移率；② 氧化层采用 MOCVD 原位生长，减少了界面态，提高了栅氧可靠性。OGFET 的新颖之处在于，在不影响器件正常关断的前提下，提高了沟道电子迁移率(见图 3.27)。

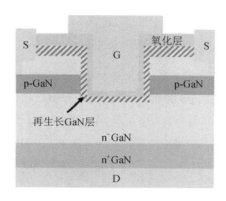

图 3.27　GaN 基 OGFET 的结构

OGFET 的工作原理与 MOSFET 类似。在 $V_{GS}=0$ 时，GaN 插入层中的电子被 p 型 GaN 基区耗尽，OGFET 处于关态。能带图和仿真得到的电子密度分布分别如图 3.28(a)、(b)所示。由 p 型 GaN 基区和 n 型 GaN 漂移区形成的 pn 结二极管被用来保持高的关态击穿电压。电场沿 p 型 GaN 基区和 n 型 GaN 漂移区的分布如图 3.29 所示。

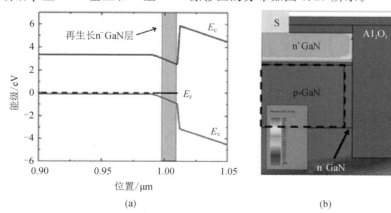

(a)　　　　　　　　　　(b)

图 3.28　关态 OGFET 的能带图和电子密度分布

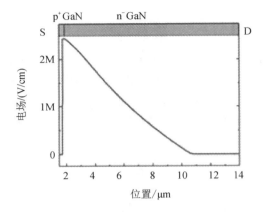

图 3.29　电场沿漂移区的分布

在 $V_{GS}=15$ V 时，电子在 UID 的 GaN 插入层中积累，晶体管处于开态。能带图和电子密度分布分别如图 3.30(a)、(b)所示。由于提高了沟道电子迁移率，OGFET 相对于常规凹槽型 MOSFET 具有更小的 $R_{on,tot}$。

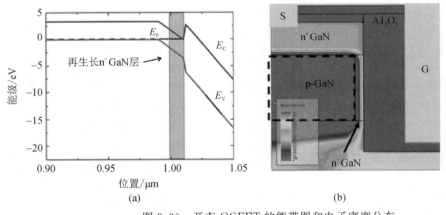

图 3.30　开态 OGFET 的能带图和电子密度分布

2016 年，Gupta 等人[19]首次报道了基于蓝宝石衬底的 OGFET 的实验结果，器件在保持阈值电压大于 2 V 的同时，$R_{on,tot}$ 降低了 60%。2017 年，Gupta 等人[20]又在 GaN 衬底上制作了击穿电压为 990 V 和 $R_{on,sp}$ 低至 2.6 mΩ·cm^2 的 OGFET；同年，Ji 等人[11]在 GaN 衬底上制作了击穿电压超过 1.43 kV 的高性能 OGFET，他们采用 10 nm 厚的非故意掺杂的 GaN 插入层作为沟道，实现了 2.2 mΩ·cm^2 的低 $R_{on,tot}$，器件表现出优异的开态性能，他们制作的 OGFET 的 I-V 特性如图 3.31 所示。图 3.32 给出了转移特性 I_D-V_{GS} 曲线和栅极泄漏电流曲线。在 10^{-4} A/cm^2（$I_{on}/I_{off}=10^6$）电流条件下定义的阈值电压 V_{th} 达到 4.7 V

（V_{GS} 正向扫描），观察到输出曲线顺时针回滞的阈值电压偏移量 ΔV_{th} 为 0.3 V。测量范围从 $I_D = 10^{-5}$ A/cm² 到 $I_D = 10^{-2}$ A/cm² 时，测量到的亚阈值摆幅为 283 mV/dec。图 3.33 给出了单只器件的关态测试结果，当 V_{GS} 为 -10 V 时，在 50 mA/cm² 的电流条件下获得了 1435 V 的击穿电压。

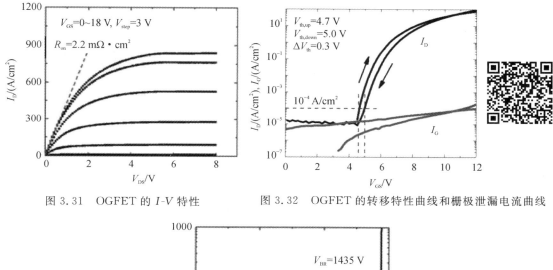

图 3.31　OGFET 的 I-V 特性　　　　图 3.32　OGFET 的转移特性曲线和栅极泄漏电流曲线

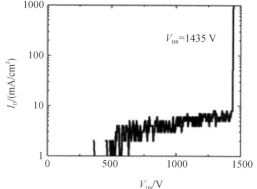

图 3.33　OGFET 的关态特性曲线

3.4.2　OGFET 的开关特性

基于已报道的 GaN 衬底上制作的 1.4 kV 的 OGFET[11]，我们首先建立了相应的器件物理模型，然后结合电路模型来研究该器件的动态特性和功率损耗。

图 3.34 和图 3.35 分别为该晶体管在关断（turn-off）和开启（turn-on）的瞬间使用双脉冲测试电路测出的开关波形图。总的关断时间约为 30 ns，开启时间为 47 ns。栅极总电荷约为 89 nC，这其中包括约 17 nC 的 Q_{GD}。

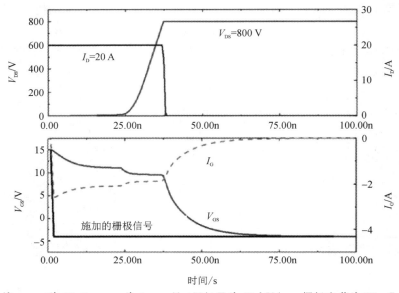

注：$t_{d(off)}$ 为 21.3 ns，t_f 为 9 ns，且 $\Delta V/\Delta T$ 为 71 kV/μs。栅极电荷为 89 nC，栅极电阻为 7.5 Ω，频率为 100 kHz。

图 3.34　晶体管关断瞬态过程中的开关波形

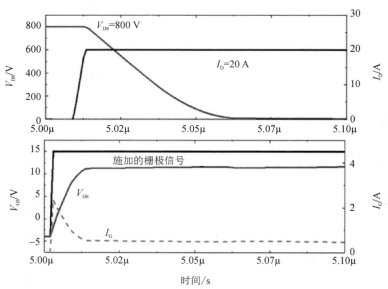

注：$t_{d(on)}$ 为 14 ns，t_r 为 33 ns，且 $\Delta V/\Delta T$ 为 19.4 kV/μs。

图 3.35　晶体管开启瞬态过程中的开关波形

表 3.1 比较了具有相同额定电压和额定电流的 CREE 公司的 SiC 基 MOSFET[16]、仿真的 SiC 基 MOSFET、仿真的 GaN 基 CAVET 和仿真的 GaN 基 OGFET 的开关特性。由于具有高沟道电子迁移率和高体电子迁移率，垂直型 GaN 基器件显示出了更快的开关速度和更低的能量损耗。

表 3.1　SiC 基 MOSFET、GaN 基 CAVET 和 GaN 基 OGFET 的开关特性比较

参数	CREE 公司的 SiC 基 MOSFET[16]	仿真的 SiC 基 MOSFET[6]	仿真的 GaN 基 CAVET[6]	仿真的 GaN 基 OGFET
V_{BR}/V	1.2	1.2	1.3	1.4
R_{on}/Ω	80	80	80	75
Q_G/nC	40	55	29.5	21.3
$t_{on\text{-}delay}/ns$	38	25	18	9
t_f/ns	13	10	2	14
$t_{off\text{-}delay}/ns$	24	27	16	33
t_r/ns	90.8	157	88	89
$E_{on}/\mu J$	305	312	57	348
$E_{off}/\mu J$	305	304	152	92
$E_{ts}/\mu J$	610	616	209	440

3.5　结论

本章介绍了两种类型的垂直型 GaN 基晶体管，并引用已报道的文献阐述了它们的发展历程，并证实了 CAVET 和 MOSFET 在高效率电源开关领域均具有广阔的应用前景。虽然这两种器件在设计方面有很多共同之处，但 CAVET 的一个显著特点是利用了 AlGaN/GaN 产生的 2DEG 沟道，而 MOSFET 则依赖于低迁移率的反型层沟道。尽管它们的沟道实现方式有所不同，但 MOSFET 和 CAVET 都需要高质量、低缺陷密度的漂移区来实现高压工作。在更高(大于 2 kV)的击穿电压下，漂移区仍能够保持高电子迁移率，这对于以上两种器件的设计至关重要。

参 考 文 献

[1] WU Y F, GRITTERS J, SHEN L, et al. kV-class GaN-on-Si HEMTs enabling 99% efficiency converter at 800 V and 100 kHz[J]. IEEE Transactions on Power Electronics, 2013, 29(6): 2634-2637.

[2] HONEA J, KANG J. High-speed GaN switches for motor drives[J]. Power Electronics Europe, 2012, 3: 38-41.

[3] BEN-YAACOV I, SECK Y K, MISHRA U K, et al. AlGaN/GaN current aperture vertical electron transistors with regrown channels[J]. Journal of Applied Physics, 2004, 95(4): 2073-2078.

[4] CHOWDHURY S, SWENSON B L, MISHRA U K. Enhancement and depletion mode AlGaN/GaN CAVET with Mg-ion-implanted GaN as current blocking layer[J]. IEEE Electron Device Letters, 2008, 29(6): 543-545.

[5] CHOWDHURY S, WONG M H, SWENSON B L, et al. CAVET on bulk GaN substrates achieved with MBE-regrown AlGaN/GaN layers to suppress dispersion[J]. IEEE Electron Device Letters, 2011, 33(1): 41-43.

[6] JI D, YUE Y, GAO J, et al. Dynamic modeling and power loss analysis of high-frequency power switches based on GaN CAVET[J]. IEEE Transactions on Electron Devices, 2016, 63(10): 4011-4017.

[7] NIE H, DIDUCK Q, ALVAREZ B, et al. 1.5-kV and 2.2-mΩ·cm^2 Vertical GaN Transistors on Bulk-GaN Substrates[J]. IEEE Electron Device Letters, 2014, 35(9): 939-941.

[8] SHIBATA D, KAJITANI R, OGAWA M, et al. 1.7 kV/1.0 mΩ·cm^2 normally-off vertical GaN transistor on GaN substrate with regrown p-GaN/AlGaN/GaN semipolar gate structure[C]//2016 IEEE international electron devices meeting (IEDM). IEEE, 2016, 10(1): 1-4.

[9] JI D, LAURENT M A, AGARWAL A, et al. Normally OFF trench CAVET with active Mg-doped GaN as current blocking layer[J]. IEEE Transactions on Electron Devices, 2016, 64(3): 805-808.

[10] OKA T, UENO Y, INA T, et al. Vertical GaN-based trench metal oxide semiconductor field-effect transistors on a free-standing GaN substrate with blocking voltage of 1.6 kV[J]. Applied Physics Express, 2014, 7(2): 021002.

[11] JI D, GUPTA C, CHAN S H, et al. Demonstrating >1.4 kV OG-FET performance with a novel double field-plated geometry and the successful scaling of large-area devices[C]//2017 IEEE International Electron Devices Meeting (IEDM). IEEE, 2017, 9(4): 1-4.

[12] ZHANG Y, SUN M, PIEDRA D, et al. 1200 V GaN vertical fin power field-effect transistors[C]//2017 IEEE International Electron Devices Meeting (IEDM). IEEE, 2017, 9(2): 1-4.

[13] YELURI R, LU J, HURNI C A, et al. Design, fabrication, and performance analysis of GaN vertical electron transistors with a buried p/n junction[J]. Applied Physics Letters, 2015, 106(18): 183502.

[14] JI D, AGARWAL A, LI W, et al. Demonstration of GaN current aperture vertical electron

transistors with aperture region formed by ion implantation[J]. IEEE Transactions on Electron Devices, 2018, 65(2): 483-487.

[15] JI D, CHOWDHURY S. A discussion on the DC and switching performance of a gallium nitride CAVET for 1. 2 kV application[C]//2015 IEEE 3rd Workshop on Wide Bandgap Power Devices and Applications (WiPDA). IEEE, 2015: 174-179.

[16] CMF20120D datasheet, Available: http://www. cree. com/~/media/Files/Cree/Power/Data％20Sheets/ CMF20120D. pdf.

[17] BALIGA B J. Fundamentals of power semiconductor devices[M]. U. S. , New York: Springer Science & Business Media, 2010.

[18] OTAKE H, EGAMI S, OHTA H, et al. GaN-based trench gate metal oxide semiconductor field effect transistors with over 100 cm²/(V • s) channel mobility[J]. Japanese Journal of Applied Physics, 2007, 46(7L): L599-L601.

[19] GUPTA C, CHAN S H, ENATSU Y, et al. OG-FET: An In-Situ oxide GaN interlayer-based vertical trench MOSFET[J]. IEEE Electron Device Letters, 2016, 37(12): 1601-1604.

[20] GUPTA C, LUND C, CHAN S H, et al. In situ oxide, GaN interlayer-based vertical trench MOSFET (OG-FET) on bulk GaN substrates[J]. IEEE Electron Device Letters, 2017, 38(3): 353-355.

[21] JI D, LI W, CHOWDHURY S. Switching performance analysis of GaN OG-FET using TCAD device-circuit-integrated model[C]//2018 IEEE 30th International Symposium on Power Semiconductor Devices and ICs (ISPSD). IEEE, 2018: 208-211.

第 4 章
GaN 基功率器件的可靠性

Gaudenzio Meneghesso，Enrico Zanoni，Matteo
Meneghini，Maria Ruzzarin，Isabella Rossetto

任何新产品都必须具备可靠性，特别是对于新兴技术（如 GaN 基器件）而言更加重要。虽然击穿机制对 GaN 基功率晶体管非常关键，但是鲁棒性和长期可靠性的退化仍是需要考虑的严重问题。本章将首先讨论 GaN 基器件在关态条件下由时变机制引起的永久退化；然后分析 p 型栅 HEMT 器件在施加较大正向偏压后的退化机制，总结已发表的相关文献中关于永久性退化机制的主要研究成果，并介绍可恢复陷阱机制；最后探讨 MIS-HEMT 结构的不稳定性，包括环境温度依赖性和级联结构引起的性能恶化两个方面，详细分析负偏阈值电压不稳定性（NBTI）现象。

4.1 关态经时退化机制

AlGaN/GaN HEMT 的可靠性可能受到几种击穿机制的影响，主要总结如下：

（1）（Al）GaN 缓冲层从漏极到衬底的垂直击穿（如图 4.1(a)所示）[1-2]。

（2）关态下高电场引起的栅漏区域横向击穿（如图 4.1(b)所示）。前期的文献将这一机制归因于肖特基结的退化[3-5]（如逆压电效应、缺陷产生/渗透过程、晶体管表面的电化学反应）和钝化层的失效（本节将详细讲述）。

（3）关态下亚阈区的泄漏电流增加和穿通效应引起的漏-源横向击穿（如图 4.1(c)所示）[6-7]。

（4）肖特基结的正向击穿[8-12]，主要出现在功率应用领域的增强型器件中，如 MIS/MOS HEMT 器件（如图 4.2(a)所示）和 p 型栅结构器件（如图 4.2(b)所示），如

4.2 节所述。

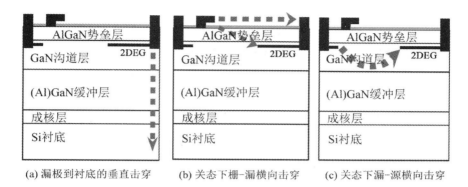

(a) 漏极到衬底的垂直击穿　　(b) 关态下栅-漏横向击穿　　(c) 关态下漏-源横向击穿

图 4.1　不同类型的击穿机制示意图

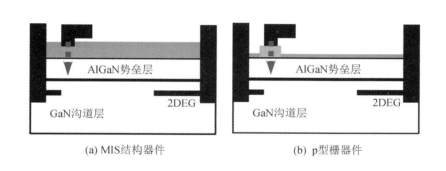

(a) MIS结构器件　　　　　　　(b) p型栅器件

图 4.2　在正向栅极偏置下不同类型的击穿机制示意图

近期文献[13-15]表明，GaN 基 HEMT 的可靠性会受到经时击穿过程的严重影响，这与标准 CMOS 器件栅氧化物中观察到的情况非常类似。关于功率器件的鲁棒性，当采用快速直流扫描时其击穿电压大于 1000 V，而在长期应力下可能会降低几百伏。

在某些情况下，GaN 基器件与 Si 基 CMOS 器件在失效方面的情况大不相同：在 Si 基晶体管中，失效可能来自氧化物；而在 GaN 基器件中，失效可能是耗尽型半导体器件本身的经时击穿。

鉴于氧化物薄膜在 CMOS 集成电路中的重要性，人们已经对氧化物薄膜的经时介质击穿（TDDB）机制进行了广泛讨论。Degraeve 等人[16-17]认为，击穿主要起源于在氧化物中随机分布的陷阱，而这些陷阱甚至在新器件中都会存在。在高电压应力下，新的陷阱会产生，形成从一个界面到另一个界面的导电路径，进而形成击穿条件，如图 4.3 所示。

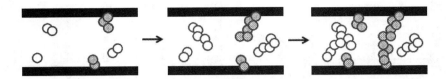

图 4.3　氧化物薄膜中 TDDB 模型示意图

Moens 等人[13]认为，在关态长期应力测试下，耗尽型器件由于具有类 TDDB 的击穿机制而失效。他们认为，当器件在高漏极电压下栅反偏时，2DEG 被耗尽，缓冲层可能表现为有缺陷的介质层。在 200℃ 条件下，在漏极电压高于 900 V 时测试数十安培级的器件，发现器件的经时机制呈威布尔（Weibull）分布。

Meneghini 等人[14]进一步讨论了 GaN 基 HEMT 在关态应力下随时间变化的退化过程。关态长期应力条件下，在施加的电压（直流扫描测量得到的）明显低于击穿电压时也观察到击穿现象（如图 4.4（a）所示）。他们将退化归因于栅极靠近漏极一侧边缘 SiN 钝化层的失效。

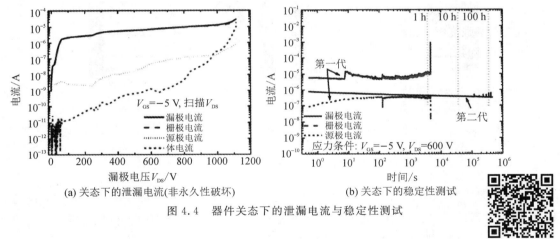

(a) 关态下的泄漏电流（非永久性破坏）　　(b) 关态下的稳定性测试

图 4.4　器件关态下的泄漏电流与稳定性测试

在 $V_D = 600$ V 关态下进行的直流稳定性测试表现出以下现象（如图 4.4（b）所示）[14]：① 栅漏泄漏电流表现出阶梯式的逐步增加，可能是由于在栅极附近产生了与缺陷相关的漏电路径，理论上可归因于栅极肖特基结的退化或栅极下的电介质绝缘特性的退化；② 长期应力形成的永久性退化将主要导致关态漏极电流突然急剧增加且不可恢复。

统计分析证实，失效可以用形状参数小于 1（如图 4.5 所示）的威布尔分布来描述（详细信息请参阅 Degraeve 等人发表的论文[16]）。这证实了器件间存在高度的差异性，并表明存在外部击穿机制。击穿过程与时间和电场有关，且失效时间与所施加的漏极偏置电压呈指数关系。

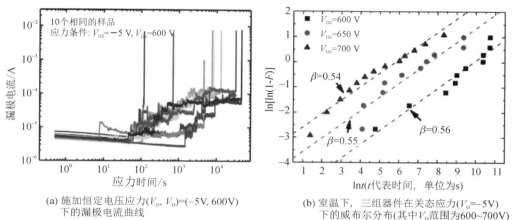

(a) 施加恒定电压应力($V_{\rm G}$, $V_{\rm D}$)=(–5V, 600V)
下的漏极电流曲线

(b) 室温下，三组器件在关态应力($V_{\rm G}$=–5V)
下的威布尔分布(其中$V_{\rm D}$范围为600~700V)

图 4.5　应力条件下器件的漏极电流与威布尔分布

二维数值仿真验证了 SiN 钝化层在器件退化中的作用(如图 4.6 所示)。仿真结果表明，在关态条件下，最大电场出现在栅极靠近漏极一侧的边缘处。在高漏极偏置电压下，仿真得到的电场强度峰值与 SiN 材料的击穿场强相同(6 MV/cm)。相反，AlGaN 中的仿真电场远低于相应的击穿值。

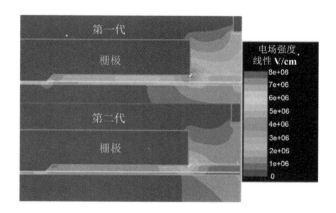

图 4.6　两代被测器件栅极边缘附近的模拟电场分布

Rossetto 等人[15] 在类似器件上进行了对比。通过显微镜观察证明，SiN 钝化层在 GaN 基 HEMT 的硬失效中起着重要作用。通过用 CCD 相机检测热点，发现在栅极附近产生了与缺陷相关的泄漏路径。EL 信号强度(指所检测热点的)随着泄漏电流的增加或者阶梯现象的增加而增加，直至硬失效。硬失效后，在一组器件上拍摄的 TEM 图像证明了 SiN 钝化层已发生击穿(如图 4.7 所示)。

(a) 恒定电压应力下器件硬失效后的损伤截面

(b) 器件栅极边缘受损部分的放大图

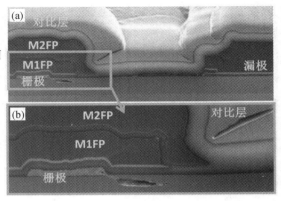

图 4.7　TEM 观测图像

在栅极靠近漏极一侧边缘处的 SiN 钝化层和 AlGaN 势垒层中检测到了短路路径，从而证实了经时击穿机制可能源于栅极边缘钝化层的鲁棒性，与电场峰值对应。

根据上述讨论的失效机理，Meneghini 等人[14] 和 Rossetto 等人[15] 讨论了提高 AlGaN/GaN HEMT 可靠性的两种方法，即：① 降低 2DEG 沟道中的电场；② 优化器件结构。

第一种方法是通过采用具有不同电学性能的 GaN 外延，旨在降低栅极边缘处的最大电场，从而显著延长器件到达击穿点的时间。在第二代器件中，由于采用新材料，使得漏极电势和体电势之间的耦合明显减弱。与第二代器件相比，第一代器件在相同漏极电压下对 2DEG 的耗尽作用更弱（如图 4.8（a）所示），同时 SiN 层两侧产生的电场也更高。因此，第二代器件的无故障工作时间比第一代器件的无故障工作时间要高三个数量级以上（如图 4.8（b）所示）[14]。

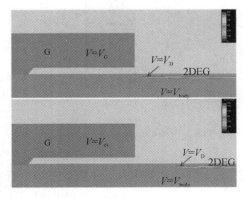

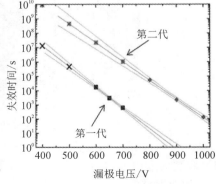

(a) 第一代(上方)和第二代(下方)器件在2DEG　　(b) 失效时间与所施加漏极电压的
　　耗尽和体电势方面的差异对比图　　　　　　　　关系曲线

图 4.8　两代器件的结构与特性对比

　　Rossetto 等人[15]讨论了提高 SiN 层鲁棒性的第二种方法，即额外沉积一层 SiN（采用 PECVD 技术），以减小 SiN 钝化层内部的电场。一方面，通过检测关态阶梯应力下器件的失效电压，发现失效电压增加了 200 V 以上；另一方面，在器件处于恒定的关态电压应力下，器件的失效时间增加了两个数量级以上，从而证实了该方法的有效性（如图 4.9 所示）。

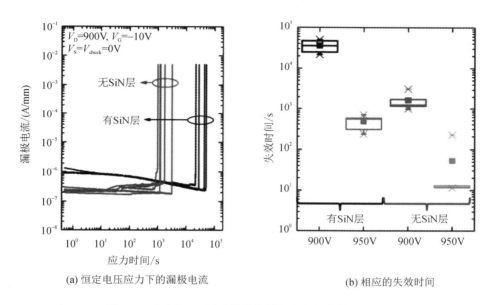

(a) 恒定电压应力下的漏极电流　　　　　　(b) 相应的失效时间

图 4.9　有/无 SiN 层时器件的漏极电流与失效时间对比

　　前面讨论过的关态条件下的经时击穿机制，在垂直击穿中也起着重要作用。Borga 等人[18]进行了系统分析，并证明了 GaN 基晶体管在受到从漏极到衬底的应力时，其退化具有时间依赖性。灾难性故障呈威布尔分布，并与所施加的电场呈指数关系；相反，在失效时间上仅仅表现出微弱的热依赖性。

　　从漏极到衬底的电流传导可用空间电荷限制模型来描述。在低漏极偏置电压下，陷阱不能完全离化。在高漏极偏置电压下，电流行为不再表现为欧姆特性。根据陷阱填充的限制模型，缓冲区的显著耗尽和陷阱的离化将导致电流显著增加。

　　在长时间的应力和高漏极偏置电压下，器件的电流行为与缺陷渗透理论是一致的，该理论解释了高电场下电介质的经时击穿机制。在这种条件下，耗尽的缓冲层可视为漏电介质。与绝缘体不同，宽禁带半导体中的位错会增加垂直泄漏并加速缺陷的产生，从而导致过早击穿。在这种情况下，较长的应力时间会导致叠加到泄漏电流上的噪声增加，表明缺陷在该过程中逐渐产生，最终伴随着器件的硬击穿而出现电流显著增加的现象。

4.2　p 型栅器件的经时失效

像功率开关转换器这类针对功率应用的器件，在性能方面必须满足以下要求：有较大的栅极偏置摆幅；在正向栅极偏置下具有良好的鲁棒性。虽然商用器件通常在 0～7 V 的栅压范围内工作，但器件需能够承受更高的栅极偏置电压。考虑到器件的主要应用，器件必须保证关态(工作电压通常为 600～650 V)下的高鲁棒性，并降低寄生损耗以确保高的开关频率。商用器件中，寄生损耗通常受到导通电阻(范围在 50～70 mΩ)和栅电荷(约 6 nC)的影响[19]。

用于大功率应用的器件必须从关态高压状态切换到低压大电流状态。因此，使用增强型器件是确保安全工作的必要条件。在栅极驱动失效的情况下，器件会强制性进入关态。在这种情况下，主要采用以下两种方法来实现增强型工作并提高器件的鲁棒性。

(1) 使用 p 型层(以下称为具有 p 型栅或 p 型结构的器件)。该方案在 p 型层上沉积栅极金属，其与 p 型层可以形成欧姆接触或肖特基接触，这些都在文献中讨论过。

(2) 在栅极金属下方插入薄的绝缘层，以减少寄生效应，并通过适当的工艺实现增强型结构(以下称为 MIS-HEMT 结构)。

这两种解决方案的可靠性和动态特性都主要受到以下两方面的限制。

(1) p 型栅器件和 MIS-HEMT 器件对经时现象极为敏感。由于失效与时间相关，在较低的偏置电压和较长的应力时间下同样会发生退化，因此，长期可靠性会受到严重损害。如 4.1 节所述，氧化膜中的 TDDB 已被广泛研究。根据威布尔分布的参数，可以预估失效时间和相关失效类型的信息[16-17]。

(2) p 型栅器件和 MIS-HEMT 器件的阈值电压具有不稳定性，且随温度升高而恶化。这种不稳定性虽然可以恢复，但会严重破坏器件的性能，在极限条件下可能会导致器件过早失效。本节将对此进行较为详细的讨论。

为了验证 p 型栅器件在正向栅极偏置下发生硬失效的假设，文献中对一些研究结果进行了讨论。分析的主要目标是探究经时失效的机制，揭示失效机理的起源。

一些研究者对不同器件技术的经时退化机制进行了研究。Rossetto 等人[12, 20]发现 p 型栅器件在高的栅极偏置过载应力下会发生经时失效，失效时间与施加的偏置电压呈指数关系，并可用威布尔分布来描述，如图 4.10(a)所示。此外，还发现栅极泄漏电流与失效时间之间存在强相关性。通过观察不同的工艺，一些研究者证实了已存在的缺陷态在加速或定义失效机理中的作用，与 Degraeve 等人[16]描述的氧化物中的 TDDB 理论一致(详细信息请参阅 4.1 节)。Tallarico 等人[11]证实了初始栅极泄漏电流与失效时间之间的相关性。文章对上述相关性与不同栅极偏置电压的指数规律进行了建模。根据该模型，能够预测在工作电压下达到 10 年平均失效时间时所能允许的最大初始栅极电流。Tapajna 等人[8-9]在失效过程的时间相关性以及失效时间与初始栅极泄漏电流之间的相关性方面报道了类似的结果。

Tapajna 等人[9]和 Rossetto 等人[12]研究了失效时间的温度相关性（如图 4.10（b）所示）。结果表明，失效机理为热激活。值得一提的是，不同的工艺或所涉及的不同退化机制使得激活能存在差异（文献[9]中为 0.1 eV，文献[12]中为 0.5 eV）。

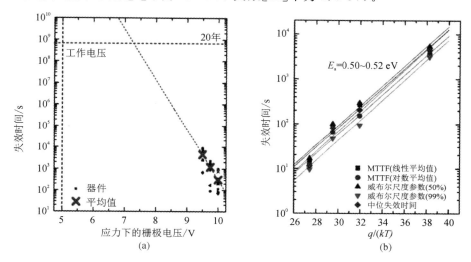

图 4.10 经时失效与电压应力及温度的相关性

前期文献中广泛讨论了失效机理的起因。尽管提出了几个假设，但对主要退化过程的明确定义仍在讨论中。

Wu 等人[10]首次使用 TiN/p-GaN 形成了肖特基接触，并研究了 p 型栅器件的失效机理。作者认为，在高栅压应力下，肖特基金属/p-GaN 二极管处于反偏（如图 4.11 所示）状

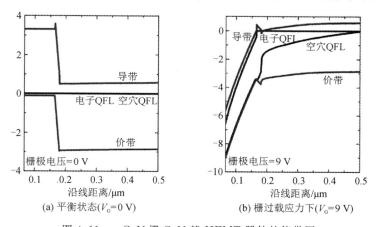

图 4.11 p-GaN 栅 GaN 基 HEMT 器件的能带图

态，沟道中的电子经发射而越过 AlGaN 层注入 p-GaN 层中，它们由于高电场的存在而具有足够的能量，从而促使雪崩击穿的发生。通过在不同环境温度下进行评估，发现正向栅击穿电压具有温度正相关性，从而支持了作者的假设。此外，在高栅极偏置电压下，作者检测到了微弱的电致发光，这可能归因于硬失效前产生的电子-空穴对的复合现象。

Rossetto 等人[12]通过 2D 仿真、电测量和发射显微技术进一步讨论了正向栅极偏置下退化过程的起因。在高栅极偏置电压下，栅极金属和 p-GaN 层之间的肖特基结为反向偏置。在这种情况下，产生的耗尽区可能会促使与缺陷相关的渗透路径的形成。在长期应力下，最终导致器件的硬失效。此外，该路径也可能会对雪崩机制产生一定的作用。

这些渗透路径与器件的不均匀性及大电流相关。p-GaN 中的高电场会促进与缺陷相关的渗透路径的产生，与 AlGaN 层中的电场相反，p-GaN 层中的电场随着栅极偏置电压的增加而增大（如图 4.12 所示）。

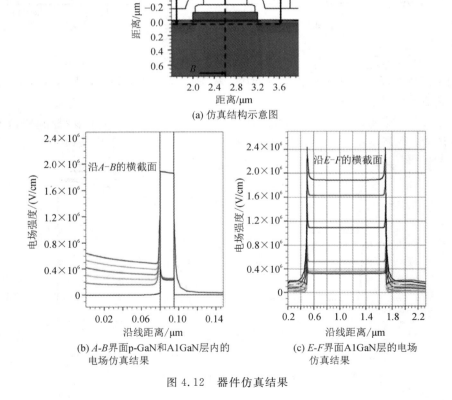

(a) 仿真结构示意图

(b) A-B界面p-GaN和AlGaN层内的电场仿真结果

(c) E-F界面AlGaN层的电场仿真结果

图 4.12　器件仿真结果

同样，栅极边缘的 SiN 层中的电场也会增大。尽管电场远低于 SiN 的击穿电场，但是电场尖峰及可能存在的 SiN 厚度不均匀都可能会导致器件最终失效。

通过对已经损坏的不同工艺下制备的器件进行发射显微镜观察，发现 EL 信号主要由热电子的轫致辐射和黄光引起(如图 4.13 所示)[20]，后者与 Ga 空位或 C 相关缺陷的陷阱态有关。

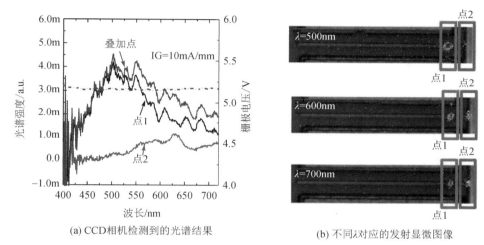

(a) CCD相机检测到的光谱结果　　　　　(b) 不同λ对应的发射显微图像

图 4.13　器件显微观察结果

Tallarico 等人[11]证实了 p-GaN 层在正向栅极偏置过应力下对 p-GaN 栅器件的失效起主要作用，并将击穿归因于在 p-GaN 层的耗尽区中形成的渗透路径。仿真结果表明，这个渗透路径靠近金属/p-GaN 界面处，起因是正向栅压下出现了电场峰值。采用的模型表明，p-GaN 栅极的等效电路由两个背靠背的结组成，分别对应于金属/p-GaN 肖特基结和 p-GaN/AlGaN/GaN 基的 PIN 结。两个结在高栅极偏置电压下分别为反偏和正偏状态。作者认为，在高 V_G 下，AlGaN 上的电压降处于饱和状态，外加电压几乎完全落在 p-GaN 层。这使得 p-GaN 层表现为耗尽区，其承受的高电场可能会形成渗透路径。

Tapajna 等人[8-9]通过 Ni/Au 栅金属制备了 p 型栅器件，并以此为例提出了另一种可能导致退化的机制。作者认为，由于 p-GaN 中的高电场和电流，陷阱的产生和渗透机制会形成导电路径，从而导致器件严重失效。此外，在 p-GaN/AlGaN 界面处产生的类施主陷阱对渗透路径的形成起关键作用，这也是导致硬失效的关键因素。

永久性退化是评价正向栅极偏置下 p-GaN 栅器件性能的一个关键指标，然而，在类似条件下，俘获效应和恢复效应可能会显著降低器件的性能。目前有关这一方面的文献报道较少[21]，正向栅极偏置下陷阱态的恢复效应仍在讨论中。

图 4.14 通过测量商用器件报道了器件可恢复退化和永久退化的现象。被测器件的额

定工作电压 $V_G=5$ V，对器件施加正向栅极偏置阶梯应力。图 4.14(b)表明，在 $V_G>10$ V 时会发生硬失效，在较低的偏置电压下未发生软退化（可能的永久性退化）。关于永久性退化（发生在 $V_G>10$ V 时）的问题已经进行了讨论。

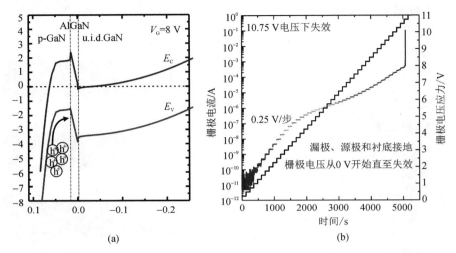

(a)　　　　　　　　　　　　(b)

图 4.14　NBTI 可恢复现象的机制与正向栅极偏置阶梯应力下的栅极电流

通常，在每次应力之后，都可以进行完整的直流特性分析，以检测可能存在的恢复机制。从图 4.15 可以看出，即便对于低于器件鲁棒性的偏置电压，应力也会导致阈值电压负漂，这种现象称为负偏置温度不稳定性（NBTI）。对于检测到的 NBTI 机制，可能的解释为

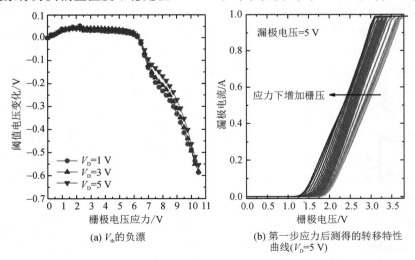

(a) V_{th} 的负漂　　　　　　(b) 第一步应力后测得的转移特性
　　　　　　　　　　　　　　　曲线($V_D=5$ V)

图 4.15　正向栅过载应力下 p 型栅 GaN 基 HEMT 器件的 NBTI 机制评估

高栅极偏置过应力会使空穴向 p-GaN/AlGaN 界面注入。由于价带的不连续性，导致空穴在界面处累积(如图 4.14(a)所示)。在 p-GaN/AlGaN 界面或 AlGaN 势垒层中暂时累积的正电荷会导致阈值电压的负漂。V_{th} 负漂与应力下栅极电流之间的相关性表明，应力下注入的栅极电流显著影响了 NBTI 机制。原则上，额外的俘获机制可能发生在 p-GaN/AlGaN 界面(例如电子在导带中的积累)，从而导致阈值电压的不稳定性。

　　不过，在工作电压状态下测量的导通电阻在硬失效发生前并没有变化，这表明可恢复的俘获机制不会影响器件实际工作时的导通电阻。

4.3　MIS-HEMT 结构中正负偏置下的阈值电压不稳定性

　　金属-绝缘体-半导体高电子迁移率晶体管(MIS-HEMT)通常用于满足大功率应用的需求。在栅极下插入薄介质层，通过降低寄生效应、增大栅极偏置摆幅和加强器件鲁棒性可显著改善器件性能。此外，通过适当的凹槽工艺也可制作增强型器件。

　　然而，MIS-HEMT 的性能受到两大限制因素的影响，即对经时退化的高敏感性(本章中未讨论)和阈值电压的不稳定性。

　　尽管前期已经研究了多种介质及其沉积技术[22-24]，但阈值电压的不稳定性仍对器件性能造成显著影响。这种不稳定性是由位于栅极下方的介质内部或介质/Ⅲ-N 界面处的电荷俘获引起的。温度和施加在栅极的正偏置阈值电压(PBTI)和负偏置阈值电压(NBTI)都会增强这种影响。下面将对这一问题进行重点讨论。

4.3.1　MIS-HEMT 器件正偏置阈值电压的不稳定性

　　Lagger 等人[22]解释了 PBTI 机制的起源。该机制的原理示意图如图 4.16 所示。在热平衡时，沟道和界面之间的电子流可以忽略不计；在较低的正向栅极偏置电压下，电子可

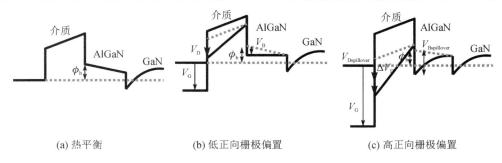

(a) 热平衡　　　　　　(b) 低正向栅极偏置　　　　　　(c) 高正向栅极偏置

图 4.16　不同正向栅极偏置下的能带变化

以通过势垒层流向 Ⅲ-N 界面；在极高的正向栅极偏置电压下（文献[22]中称其为溢出状态），在介质/AlGaN 界面处形成第二沟道。由于 $V_D - V_B$ 中不存在压降，因此，由第二沟道提供的电子可以在介质中或者在介质/AlGaN 界面处被俘获，引起 ΔN_{it}（即界面处被俘获电子密度的量）增加。

PBTI 机制引起的电荷俘获受到介质层材料的显著影响[22,25-27]。Wu 等人[27]通过比较采用原子层沉积（ALD）工艺生长 Al_2O_3 介质层和采用等离子增强原子层沉积（PEALD）工艺生长 SiN 介质层，初步研究了器件中的电荷俘获效应。实验结果表明，PEALD-SiN 作介质层的器件的特点是在 GaN 导带附近缺陷能级分布广泛；相反，在 ALD-Al_2O_3 作介质层的器件中，陷阱态远离 GaN 导带而且分布较窄。作者认为，在用 SiN 作介质层的情况下，ΔV_{th} 对施加的栅极电压具有弱依赖性，其对应的费米能级周围分布有更多缺陷，即使在低电压下也可以俘获电子。而用 Al_2O_3 作介质层的情况下，缺陷分布较窄且远离费米能级，导致在低栅极偏置电压下电子很难被缺陷所俘获。

此外，电荷俘获也会受到介质沉积技术的显著影响。Rossetto 等人[24]和 Meneghesso 等人[23]证实了所使用的沉积方法会显著影响阈值电压 V_{th} 的正移。在用 SiN 作栅介质层的情况下，与快速热化学气相沉积（RTCVD）SiN 相比，PEALD 沉积 SiN 可显著降低 V_{th} 动态偏移（约 2 V）。此外，研究证实，无论何种介质层或使用何种沉积技术，在栅极正向偏压下，注入栅介质层中的电子都可促使 V_{th} 动态偏移。动态偏移的 V_{th} 与相应偏置点下的正向栅极电流之间的强相关性证实了这一论点。

4.3.2 MIS-HEMT 器件负偏置阈值电压的不稳定性

下面介绍器件在高温且处于负向栅极偏置电压条件时 MIS-HEMT 器件主要参数的不稳定性。多项研究报告声称，GaN 基 MIS-HEMT 在室温下未发生任何 V_{th} 偏移[28]；然而，事实证明，在低电压应力和高温（更实际的条件）下工作时，它们可能会产生负向的 V_{th} 偏移[29]。研究这种不稳定性的一种方法是通过对器件施加 HTRB（高温反向偏置）应力进行测试。文献[29]报道了一项基于电压应力和温度应力的负阈值电压不稳定性研究。在具有部分 AlGaN 凹槽刻蚀的 Si 基 GaN HEMT 器件上，开展了一组应力/恢复实验。基于快速 I_D-V_G 和 I_D-V_D 方法，测试了在 90℃ 下器件主要参数（V_{th} 和 R_{on}）的变化。图 4.17(a) 中的结果表明，−10 V 的负栅极偏置引起阈值电压的负向偏移（5000 s 应力后为 −3.2 V），并且在恢复阶段（器件处于未加偏置状态）偏移没有完全恢复（如图 4.17(b) 所示）。应力还会导致导通电阻显著降低（−33%），这与图 4.17(c) 中 V_{th} 的退化相关。V_{th} 和 R_{on} 这两个参数之间的强相关性表明，这两种不稳定性是由相同的物理机制引起的。此外，温度会增加 V_{th} 和 R_{on} 的不稳定性。图 4.18 给出了在相同应力下不同温度条件时观测的 V_{th} 偏移（偏置条件为 $V_{GS} = -10\ V$，$V_{DS} = 0\ V$）：在室温下，变化可以忽略不计（如图 4.18(a) 中的蓝色曲线所

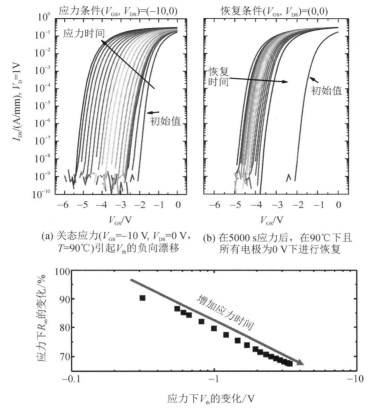

(a) 关态应力($V_{GS}=-10$ V, $V_{DS}=0$ V, $T=90℃$)引起V_{th}的负向漂移

(b) 在5000 s应力后，在90℃下且所有电极为0 V下进行恢复

(c) 在90℃下通过增加应力时间获得的导通电阻随阈值电压变化的关系

图 4.17　关态应力下器件特性的变化

示）；在较高温度下，偏移增加且可以恢复（如图 4.18(b)所示）。应力下的 V_{th} 偏移具有拉伸指数趋势[30]，而在恢复阶段，它遵循时间相关的对数趋势[31]。图 4.18(a)给出了应力的指数拟合结果，发现 V_{th} 漂移遵循指数趋势，即 $\exp^{(-t/\tau)^{\beta}}$，β 在 $0.2\sim0.7$ 范围内，且取决于温度；图 4.18(b)给出了 90℃时曲线恢复阶段的对数拟合结果，V_{th} 漂移在高于 90℃的温度下是可恢复的，且恢复过程具有时间相关的对数趋势。

　　基于阈值电压负移的实验结果提出了一种物理解释，如图 4.19 所示。介质层或 SiN/AlGaN 界面包含一些类受主的缺陷，这些缺陷可能是造成负偏置下阈值电压不稳定性的原因。在平衡态下，陷阱在费米能级以上时呈电中性，在费米能级以下时带负电。当在高温下且处于负偏压时，这些陷阱中俘获的电子会被释放，它们可以通过陷阱辅助隧穿的方式穿过 3.7 nm 的 AlGaN 势垒层，进入 GaN 层[32]。

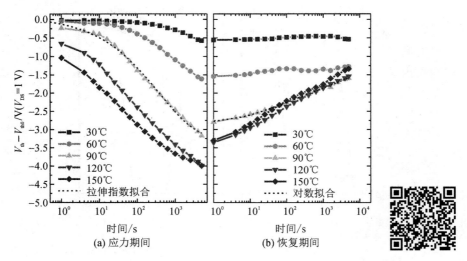

图 4.18　不同温度下应力期间与恢复期间阈值电压的变化规律

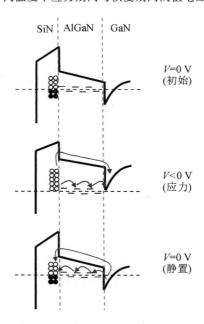

图 4.19　阈值电压 V_{th} 负向漂移的过程示意图（这里未指明表面施主缺陷）

　　此外，缺陷耗尽产生的净正电荷会导致 V_{th} 更负以及相关的 R_{on} 下降。经计算，该过程的激活能为 0.37 eV。在恢复阶段，器件偏置在 0 V，低于费米能级的一些陷阱被电子重新填充。这些积累层或金属层的电子可以借助缺陷辅助传导的方式穿过 AlGaN 势垒层或 SiN

层而实现转移。恢复阶段的激活(时间相关的对数趋势)比应力阶段的激活(指数趋势)更慢一些,这可以用以下事实来解释,即恢复过程受到以下两个因素的影响。

(1)已经充满陷阱的电子对其他电子产生排斥作用[28, 32-33]。

(2)势垒层内能起传导作用的缺陷数量可能比较少[33]。

总之,本节分析了 GaN 基 MIS-HEMT 器件在反向偏置下的不稳定性,由于在标准室温下不足以检测 V_{th} 的负向漂移,因此可采用高温反向偏置应力进行全面表征。同时,本节还基于实验结果报道了测量 V_{th} 漂移的模型。

4.3.3　恒定源极电流引起的退化

在一些情况下,采用耗尽型 GaN 基 MIS-HEMT 与 Si 基 MOSFET 相结合的共源共栅结构可以制作增强型器件,如图 4.20 所示[34]。处于关态下的 MOSFET 器件的泄漏电流等于高源漏电压下 HEMT 的恒定源极电流 I_s。因此,为评估 GaN 基 MIS-HEMT 的可靠性,必须考虑以下两种不同的条件,即高温反向偏置(HTRB)应力(如 4.3.2 节所述和图 4.20(a)所示)以及高温源极电流(HTSC)应力(如图 4.20(b)所示),从而评估亚阈值漏源泄漏电流和高电场的影响[35]。HTSC 测试中,在高漏极偏置下(150 V),从 HEMT 源极得到的恒定电流可以用来模拟关断条件下 Si 基 MOSFET 的泄漏电流。图 4.21 给出了器件在 150℃下受到 $V_{GS}=-10$ V、$V_{DS}=150$ V 的 HTRB 应力和不同 I_s(100 nA、1 μA、2 μA、10 μA)的 HTSC 应力时 V_{th} 和 R_{on} 的变化。HTSC 应力的结果表明,施加较高源极电流后导通电阻明显增加(如图 4.21(b)所示),而阈值电压没有显著变化(如图 4.21(a)所示)。特别是,通过将所有端口接地,R_{on} 得以快速恢复。

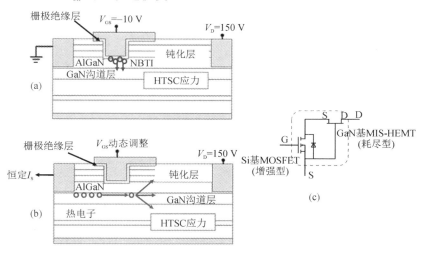

图 4.20　不同应力条件下的 MIS-HEMT 结构图

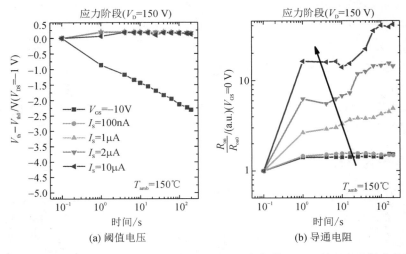

(a) 阈值电压　　　　　　　(b) 导通电阻

图 4.21　两种不同应力下 200 s 应力时间内器件阈值电压和导通电阻的变化

接下来，如图 4.22 所示，在 1 μA 的源极电流下，通过改变温度（从 130℃ 到 180℃）来评估温度对退化过程的影响（应力条件：$V_{DS}=150$ V，V_{GS} 动态调整，$I_S=1$ μA）。实验结果发现，导通电阻在低温时变化较大，退化程度随 I_S 单调增加（如图 4.21(b) 所示），并呈现出负温度相关性（如图 4.22 所示）。因此，我们可以认为造成 R_{on} 正相关变化的原因可能是热电子向栅漏有源区注入，如图 4.20(b) 所示[35]。快速恢复过程表明俘获发生在半导体材料中，因为通常在介质层中由于跳跃传导机制的存在，其电荷释放过程应该更慢[36]。

退化机制的激活能为 −1.3 eV（"−" 表示负温度相关性）。该激活能随着温度的升高（此时热电子注入的概率降低）而降低[37]。总之，共源共栅结构中 Si 基 MOSFET 的泄漏电流在高的关态电场作用下可能会引起栅-漏有源区的热电子注入，从而导致导通电阻增加。这些结果表明，对 MIS-HEMT 进行 HTSC 测试下的特性分析很重要。

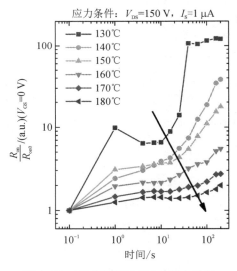

图 4.22　不同温度下 200 s 应力时间内器件导通电阻的变化

4.4　结论

GaN 基 HEMT 器件具有高击穿电压、低导通电阻和低寄生效应，是电力电子应用中极有前景的器件。近年来，研究人员付出了巨大的努力来进行技术优化（包括材料特性以及减小陷阱效应等）。然而，除了取得良好的性能之外，新技术还面临着实现高可靠性和高稳定性的巨大挑战。

本章的第一部分讨论了在垂直和关态横向击穿情况下硬失效的经时效应。在高漏极偏置电压下，缓冲层可能表现为漏电介质。因此，在电压范围远低于由直流扫描确定的击穿电压时，就可能会发生过早失效。与渗透理论一样，失效时间呈威布尔分布且与施加电场呈指数相关。此外，退化通常表现为泄漏电流以及与之叠加的噪声的增加。

这一部分还进一步讨论了 SiN 在退化中的作用。失效可能发生在栅帽边缘附近的钝化层中，根据仿真模拟，此处电场达到峰值。一些退化现象可以通过光学方法来研究，如电致发光信号的强度和 TEM 评估。最后提出了两种显著提高器件鲁棒性的方法，即通过使用具有不同电学行为的 GaN 外延来降低二维电子气沟道中的电场，以及通过沉积额外的 SiN 层来优化器件结构。

本章的第二部分概述了正向栅极偏置作用下 p-GaN 栅器件中的永久退化和可恢复俘获效应。研究发现，永久退化的时间依赖性与初始电流值密切相关，并证实了器件内原有缺陷在失效机理中的作用。此外，还讨论了温度的作用和对所施加场的依赖性；总结了关于失效机理的主要理论，包括雪崩击穿的影响和与缺陷相关的泄漏路径的产生，这些都是由于在高栅极偏置过应力下在 p 型 GaN 层中形成耗尽区而导致的。通过仿真结果分析，确定了 AlGaN 层中电场对栅极正偏下器件的退化作用可以忽略不计，而 p-GaN 和 SiN 层中的电场作用则比较明显。

尽管 p-GaN 栅器件在栅极正偏时已经达到了较高的鲁棒性，但其仍受到可恢复陷阱机制的影响。虽然在实际工作中 NBTI 对导通电阻的影响可以忽略不计，但它被认为是限制 p 型 GaN 器件性能的主要因素之一，特别是由于应力过程中不稳定性和栅极电流之间的强相关性。一种可能的解释为，NBTI 主要归因于在高栅偏压下向 p-GaN/AlGaN 界面注入的空穴。

最后，本章分析了引起 MIS-HEMT 器件阈值电压不稳定性的主要机制。MIS-HEMT 器件性能受到阈值电压和导通电阻不稳定性的显著影响。然而，室温下的标准测量不足以研究这种现象，这是因为导通电阻受高压和高温条件的影响。因此，我们在不同应力条件下研究了 PBTI、NBTI 和共源共栅结构的不稳定性。

当 MIS-HEMT 器件承受高的正偏压时，电子可能流向Ⅲ-N 界面，在介质层和 AlGaN 层之间的界面处产生第二个沟道，并引起阈值电压的正移（PBTI）。电子注入可以增强 V_{th}

的正向移动，同时 V_{th} 的正向移动还受到介质层材料或沉积方法的影响。

相反，高温反向偏置（HTRB）应力会在 MIS-HEMT 器件上造成不可完全恢复的负阈值电压（NBTI）。它与 R_{on} 的降低相关，并随着温度的升高而增强。ΔV_{th} 的俘获机制可以归因于净正电荷的存在（由于介质层/AlGaN 处的界面缺陷），同时其具有指数趋势，恢复过程较慢（时间相关的对数趋势）。

为了评估（包含 Si 基 MOSFET）共源共栅结构中 GaN 基 MIS-HEMT 器件的可靠性，需要施加高温源极电流（HTSC）应力来评估 MOSFET 泄漏电流对器件的影响。结果表明，随着所施加的源极电流的增加，导通电阻的可恢复性也增加，而阈值电压的漂移并不明显。这种现象在低温下更加明显，其原因可归结为热电子向栅-漏有源区的注入。

参 考 文 献

[1] MENEGHESSO G, MENEGHINI M, ZANONI E. Breakdown mechanisms in AlGaN/GaN HEMTs：an overview[J]. Japanese Journal of Applied Physics, 2014, 53(10)：100211.

[2] ROWENA I B, SELVARAJ S L, EGAWA T. Buffer thickness contribution to suppress vertical leakage current with high breakdown field (2.3 MV/cm) for GaN on Si[J]. IEEE Electron Device Letters, 2011, 32(11)：1534-1536.

[3] ZANONI E, MENEGHINI M, CHINI A, et al. AlGaN/GaN-based HEMTs failure physics and reliability：mechanisms affecting gate edge and Schottky junction[J]. IEEE Transactions on Electron Devices, 2013, 60(10)：3119-3131.

[4] JOH J, DEL ALAMO J A. Critical voltage for electrical degradation of GaN high-electron mobility transistors[J]. IEEE Electron Device Letters, 2008, 29(4)：287-289.

[5] GAO F, LU B, LI L, et al. Role of oxygen in the OFF-state degradation of AlGaN/GaN high electron mobility transistors[J]. Applied Physics Letters, 2011, 99(22)：223506.

[6] MENEGHINI M, CIBIN G, BERTIN M, et al. OFF-state degradation of AlGaN/GaN power HEMTs：experimental demonstration of time-dependent drain-source breakdown [J]. IEEE Transactions on Electron Devices, 2014, 61(6)：1987-1992.

[7] BAHL S R, HOVE M V, KANG X, et al. New source-side breakdown mechanism in AlGaN/GaN insulated-gate HEMTs[C]//2013 25th International Symposium on Power Semiconductor Devices & IC's (ISPSD). IEEE, 2013：419-422.

[8] TAPAJNA M, HILT O, BAHAT-TREIDEL E, et al. Investigation of gate-diode degradation in normally-off p-GaN/AlGaN/GaN high-electron-mobility transistors [J]. Applied Physics Letters, 2015, 107(19)：193506.

[9] TAPAJNA M, HILT O, WÜRFL J, et al. Gate reliability investigation in normally-off p-type-GaN cap/AlGaN/GaN HEMTs under forward bias stress[J]. IEEE Electron Device Letters, 2016, 37(4)：

385-388.

[10]　WU T L, MARCON D, YOU S, et al. Forward bias gate breakdown mechanism in enhancement-mode p-GaN gate AlGaN/GaN high-electron mobility transistors[J]. IEEE Electron Device Letters, 2015, 36 (10): 1001-1003.

[11]　TALLARICO A N, STOFFELS S, MAGNONE P, et al. Investigation of the p-GaN gate breakdown in forward-biased GaN-based power HEMTs[J]. IEEE Electron Device Letters, 2016, 38(1): 99-102.

[12]　ROSSETTO I, MENEGHINI M, HILT O, et al. Time-dependent failure of GaN-on-Si power HEMTs with p-GaN gate[J]. IEEE Transactions on Electron Devices, 2016, 63(6): 2334-2339.

[13]　MOENS P, BANERJEE A, COPPENS P, et al. Technology and design of GaN power devices[C]// 2015 45th European Solid State Device Research Conference (ESSDERC). IEEE, 2015: 64-67.

[14]　MENEGHINI M, ROSSETTO I, HURKX F, et al. Extensive investigation of time-dependent breakdown of GaN-HEMTs submitted to OFF-state stress[J]. IEEE Transactions on Electron Devices, 2015, 62(8): 2549-2554.

[15]　ROSSETTO I, MENEGHINI M, PANDEY S, et al. Field-related failure of GaN-on-Si HEMTs: dependence on device geometry and passivation[J]. IEEE Transactions on Electron Devices, 2017, 64(1): 73-77.

[16]　DEGRAEVE R, GROESENEKEN G, BELLENS R, et al. New insights in the relation between electron trap generation and the statistical properties of oxide breakdown[J]. IEEE Transactions on Electron Devices, 1998, 45(4): 904-911.

[17]　DEGRAEVE R, KACZER B, GROESENEKEN G. Degradation and breakdown in thin oxide layers: mechanisms, models and reliability prediction[J]. Microelectronics Reliability, 1999, 39(10): 1445-1460.

[18]　BORGA M, MENEGHINI M, ROSSETTO I, et al. Evidence of time-dependent vertical breakdown in GaN-on-Si HEMTs[J]. IEEE Transactions on Electron Devices, 2017, 64(9): 3616-3621.

[19]　http://www.gansystems.com/gs66508t.php, 2017.

[20]　ROSSETTO I, MENEGHINI M, RIZZATO V, et al. Study of the stability of e-mode GaN HEMTs with p-GaN gate based on combined DC and optical analysis[J]. Microelectronics Reliability, 2016, 64: 547-551.

[21]　MENEGHINI M, HILT O, WUERFL J, et al. Technology and reliability of normally-off GaN HEMTs with p-type gate[J]. Energies, 2017, 10(2): 153.

[22]　LAGGER P, STEINSCHIFTER P, REINER M, et al. Role of the dielectric for the charging dynamics of the dielectric/barrier interface in AlGaN/GaN based metal-insulator-semiconductor structures under forward gate bias stress[J]. Applied Physics Letters, 2014, 105(3): 033512.

[23]　MENEGHESSO G, MENEGHINI M, BISI D, et al. Trapping and reliability issues in GaN-based MIS HEMTs with partially recessed gate[J]. Microelectronics Reliability, 2016, 58: 151-157.

[24]　ROSSETTO I, MENEGHINI M, BISI D, et al. Impact of gate insulator on the dc and dynamic performance of AlGaN/GaN MIS-HEMTs [J]. Microelectronics Reliability, 2015, 55 (9-10): 1692-1696.

[25] WU T L, MARCON D, DE JAEGER B, et al. Time dependent dielectric breakdown (TDDB) evaluation of PE-ALD SiN gate dielectrics on AlGaN/GaN recessed gate D-mode MIS-HEMTs and E-mode MIS-FETs[C]//2015 IEEE International Reliability Physics Symposium. IEEE, 2015, 6C(4): 1-6.

[26] WU T L, MARCON D, DE JAEGER B, et al. The impact of the gate dielectric quality in developing Au-free D-mode and E-mode recessed gate AlGaN/GaN transistors on a 200 mm Si substrate[C]// 2015 IEEE 27th International Symposium on Power Semiconductor Devices & IC's (ISPSD). IEEE, 2015: 225-228.

[27] WU T L, FRANCO J, MARCON D, et al. Toward understanding positive bias temperature instability in fully recessed-gate GaN MISFETs[J]. IEEE Transactions on Electron Devices, 2016, 63(5): 1853-1860.

[28] VAN HOVE M, KANG X, STOFFELS S, et al. Fabrication and performance of Au-Free AlGaN/ GaN-on-Silicon power devices with Al_2O_3 and Si_3N_4/Al_2O_3 gate dielectrics[J]. IEEE Transactions on Electron Devices, 2013, 60(10): 3071-3078.

[29] MENEGHINI M, ROSSETTO I, BISI D, et al. Negative bias-induced threshold voltage instability in GaN-on-Si power HEMTs[J]. IEEE Electron Devices Letters, 2016, 37(4): 474-477.

[30] MITROFANOV O, MANFRA M. Mechanisms of gate lag in GaN/AlGaN/GaN high electron mobility transistors[J]. Superlattices and Microstructures, 2003, 34(1-2): 33-53.

[31] CHOI W, RYU H, JEON N, et al. Improvement of V_{th} instability in normally-off GaN MIS-HEMTs employing PEALD-SiNx as an interfacial layer[J]. IEEE Electron Device Letters, 2013, 35(1): 30-32.

[32] LAGGER P, OSTERMAIER C, POBEGEN G, et al. Towards understanding the origin of threshold voltage instability of AlGaN/GaN MIS-HEMTs[C]//2012 International Electron Devices Meeting. IEEE, 2012, 13(1): 1-4.

[33] LAGGER P, REINER M, POGANY D, et al. Comprehensive study of the complex dynamics of forward bias-induced threshold voltage drifts in GaN based MIS-HEMTs by stress/recovery experiments[J]. IEEE Transactions on Electron Devices, 2014, 61(4): 1022-1030.

[34] HUANG X, LIU Z, LI Q, et al. Evaluation and application of 600 V GaN HEMT in cascode structure[J]. IEEE Transactions on Power Electronics, 2013, 29(5): 2453-2461.

[35] RUZZARIN M, MENEGHINI M, ROSSETTO I, et al. Evidence of hot-electron degradation in GaN-based MIS-HEMTs submitted to high temperature constant source current stress[J]. IEEE Electron Device Letters, 2016, 37(11): 1415-1417.

[36] ELLER B S, YANG J, NEMANICH R J. Electronic surface and dielectric interface states on GaN and AlGaN[J]. Journal of Vacuum Science & Technology A: Vacuum, Surfaces, and Films, 2013, 31(5): 050807.

[37] ZANONI E, MENEGHESSO G. Impact ionization in compound semiconductor devices [J]. Handbook of Advanced Electronic and Photonic Materials and Devices, 2001, 2: 67-131.

第 5 章

GaN 基功率器件的鲁棒性验证

Kenichiro Tanaka，Ayanori Ikoshi，Tetsuzo Ueda

5.1　引言

5.1.1　GaN 基功率晶体管特有的可靠性问题

随着 GaN 基功率晶体管在市场上蓬勃发展，如何验证 GaN 基功率晶体管的鲁棒性变得越来越重要。起初，人们通过 Si 基功率晶体管的标准化测试研究了 GaN 基功率晶体管的可靠性问题[1-9]。但是，在开关工作状态下 GaN 基晶体管的可靠性问题与 Si 基晶体管不同，因而 Si 基晶体管的标准化测试不足以保证 GaN 基晶体管在功率转换器应用中的鲁棒性。

GaN 基功率晶体管在开关工作状态下的导通电阻称为动态导通电阻（$R_{DS(on)}$）。众所周知，该动态导通电阻 $R_{DS(on)}$ 可以比直流（DC）导通电阻大得多，这种现象称为电流崩塌。其具体表现为，一旦对 GaN 基晶体管施加高的漏极偏压，漏极电流就会减小，相应地，导通电阻将增大[10-11]。电流崩塌是由高电压应力下器件中的负电荷俘获效应引起的。动态 $R_{DS(on)}$ 的增加使得器件温度升高，进而加剧器件的热不稳定性，最终致使器件发生损坏。

电流崩塌一直是 GaN 基晶体管面临的关键问题，因此众多研究者对其进行了深入研究。电流崩塌的形成主要有两种机制，如图 5.1（a）所示。

首先，电流崩塌是由关态下高的漏极偏压引起的。当在关态下对器件施加高的 V_{DS} 时，在 AlGaN 表面[12]或外延层[13]处发生空穴发射或电子俘获，使部分沟道被耗尽，进而导致电流崩塌。众多报道都认为是陷阱导致了电流崩塌[10-14]。例如，我们前期报道了 GaN 外延层中存在空穴陷阱，而关态下空穴的发射对电流崩塌现象起着至关重要的作用[15]。

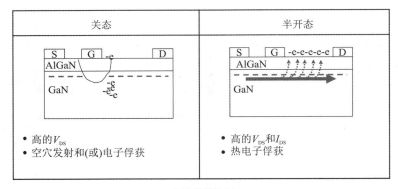

(a) 电流崩塌机制

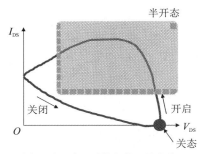

(b) 关态和半开态下感性负载开关中的 I_{DS}-V_{DS} 曲线

图 5.1　关态和半开态下的电流崩塌机制与开关状态

其次,"半开态"也会导致电流崩塌。半开态意味着在器件上同时施加较高的 V_{DS} 和 I_{DS},如图 5.1(b)中的阴影区域所示。当器件在硬开关状态下工作,即在开关过程中 V_{DS} 和 I_{DS} 发生重叠时,器件短暂地处于"半开启"状态。在半开态下,可以诱生出大量的热电子,它们可以获得足够的能量来越过 AlGaN 势垒层或二维电子气(2DEG)沟道层下的缓冲层,其中一些会在表面或(Al)GaN 外延层中被俘获,同时部分沟道将被耗尽[16-20],由此可以观察到电流崩塌现象(动态 $R_{DS(on)}$ 增加)。Meneghini 等人[17]指出,半开态下的电荷俘获与电场相关,并且是一种非常快的现象。这表明,即使器件处于半开态的持续时间非常短,这种机制也可能发生。

由于这两种机制在开关过程中叠加,因此随着开关电压或开关电流的增加,电流崩塌现象将更加严重。换言之,电流崩塌取决于 I_{DS}-V_{DS} 开关轨迹的形状[17, 21-26]。

5.1.2　GaN 基功率晶体管的开关安全工作区(SSOA)

GaN 基功率晶体管能否安全地开关取决于电流崩塌是否会被触发,因此安全开关主要由开关轨迹决定。针对于此，有必要提出针对 GaN 基功率晶体管的"开关安全工作区（SSOA）"概念，在 SSOA 中，器件可以安全地开关[27]。SSOA 与传统安全工作区（SOA）看似相似，但仍有不同，因为 GaN 基功率晶体管的 SSOA 主要取决于电流崩塌效应，而 Si 基晶体管的传统 SOA 主要取决于热问题。

　　图 5.2 举例说明了针对 Si 基功率晶体管定义的传统 SOA[28]。传统 SOA 由导通电阻、最大电流、击穿电压、最大功率和热不稳定性等限制因素定义。图中右上角显示的彩色线条主要受热问题或最大额定功率的限制，是通过向器件击穿点重复施加短脉冲而获得的[28]。

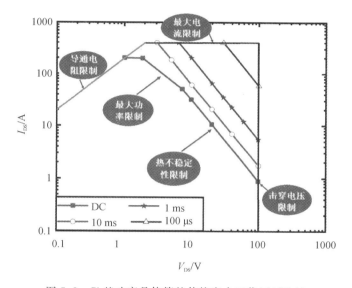

图 5.2　Si 基功率晶体管的传统安全工作区（SOA）

　　然而，Si 基晶体管的传统 SOA 不足以证实开关电源应用中 GaN 基晶体管的鲁棒性。由于 GaN 横向功率晶体管具有较小的输入和输出电容，因此其开关过程通常快达纳秒量级。一般认为，在如此快速的开关过程中，温度上升非常小。因此，预计 GaN 基晶体管可以在由最大电流和额定电压确定的所有矩形区域内都能安全地开关。然而，实际上，如果在开关过程中对 GaN 基功率晶体管同时施加更高的 V_{DS} 和 I_{DS}，那么，它们会由于电流崩塌效应而不稳定。

　　开关轨迹的形状在很大程度上取决于负载类型和开关条件。图 5.3（a）、（b）、（c）分别给出了功率转换器应用中电感型负载开关、电阻型负载开关和软开关（开启时）的典型轨迹曲线。根据经验，电感型负载开关的电流崩塌更严重，这是因为其轨迹通常大于电阻型负载开关或软开关的轨迹。因而，半开启状态下的电荷俘获会使得动态 $R_{DS(on)}$ 增大。

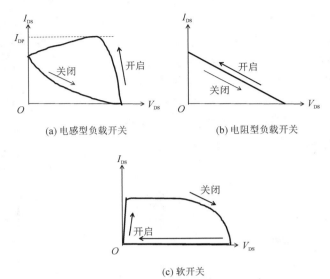

(a) 电感型负载开关　　　　(b) 电阻型负载开关

(c) 软开关

图 5.3　典型的开关应用过程中的轨迹曲线示意图

图 5.4 总结了早期栅极注入晶体管（GIT）在电阻型负载和电感型负载开关过程中电流崩塌效应的电路原理图和相应的轨迹。在连续的开关过程中，通过不断地增加 V_{DD} 可以获得相对动态 $R_{DS(on)}$ 随 V_{DD} 的变化曲线，如图 5.5 所示。这里的相对动态 $R_{DS(on)}$ 是基于其直流导通电阻归一化后的动态 $R_{DS(on)}$。与电阻型负载开关相比，电感型负载开关的动态 $R_{DS(on)}$ 在较低的 V_{DD} 下增加了大约 20%。

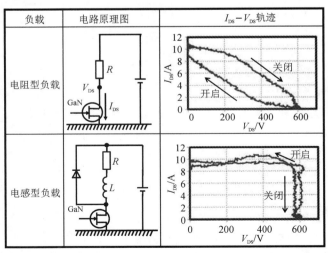

图 5.4　栅极注入晶体管（GIT）在电阻型负载和电感型负载开关过程中电流崩塌效应的电路原理图和相应的轨迹曲线

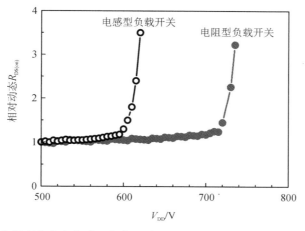

图 5.5　GIT 器件在电阻型负载和电感型负载开关过程中测量的相对动态 $R_{DS(on)}$ 与 V_{DD} 的关系曲线

　　因此，电感型负载开关电路可用作确定 SSOA 限制的一种方法，如图 5.6（a）所示。因为电感型负载开关在一个开关周期内对器件施加了更严苛的应力，所以我们能够在更短的测试时间内评估其使用寿命。这种开关电路还有一些不同的拓扑形式，例如输出与输入电压源连接的升压转换器，如图 5.6（b）所示[23]。在这些电路中，动态 $R_{DS(on)}$ 用钳位电路来测量，其中 V_{DS} 在关态下被钳位在某个值，以便准确测量开态 V_{DS}[27,29,30]。

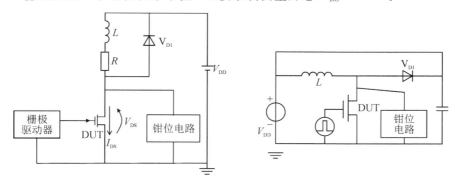

(a) 电感型负载开关电路　　　　　　(b) 输出与输入电压源连接的升压转换器

图 5.6　SSOA 测试电路

　　但是，电感型负载开关并不是定义 SSOA 的唯一方式。电感型负载开关通常在低占空比（小于 5%）和低频（kHz 范围，见文献[31]）下工作，这与 GaN 基功率晶体管的典型开关应用是不符的。例如，GaN 基功率晶体管可用于高达 MHz 的高频功率转换器应用中。通常在这些应用中，器件以大约 50% 的占空比与软开关技术相结合进行工作[32]。虽然软开关过程中一个开关周期内的应力远小于电感型负载开关，但我们不能排除高频软开关工作下的退化与电感型负载开关工作下的退化相一致的可能性。据我们所知，目前还没有可以提高 GaN 基功率晶体管在软开关工作下鲁棒性的综合方案。高频软开关工作模式下的退化机制还有待于进一步研究，以加快 GaN 基功率晶体管的广泛应用。

SSOA 被定义为器件的动态 $R_{DS(on)}$ 未增加且其结温 T_j 低于额定值的区域。图 5.7 总结了获得 GaN 基功率晶体管 SSOA 的标准化流程[27]。为了确定 GaN 基功率晶体管的 SSOA，找到动态 $R_{DS(on)}$ 和结温都保持在正常范围内的极限值，器件应在不同开关条件下工作。

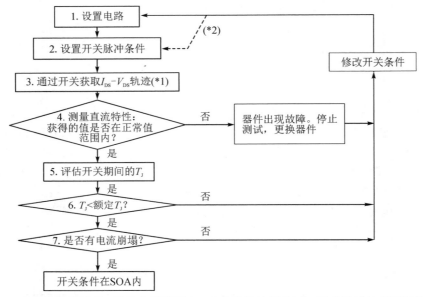

注：（＊1）在双脉冲测试下，器件仅开关两次；在连续脉冲开关下，开关测试被间歇性终止，然后开展后续流程。（＊2）如果不需要修改实验设置，则仅修改开关脉冲条件即可。

图 5.7　获得 GaN 基功率晶体管 SSOA 的流程

需要补充的是，虽然 SSOA 定义了器件安全开关的区域，但并不一定能保证器件在长期连续开关工作状态下的鲁棒性。当器件长时间处于连续开关工作状态时，仍然可能会出现老化问题。同样，长时间的退化也取决于开关轨迹的形状。这是因为，在连续开关工作状态下，电荷俘获或老化会逐渐积累，并且半开态条件会加速该过程。

因此，我们提出了"长时间开关安全工作区（lSSOA）"这一概念。在此区域内，器件可以长时间进行开关工作。与之对应，确保短时间内安全开关的 SSOA 称为 sSSOA。但是，确定 lSSOA 的方法相当复杂，且因器件而异。据我们所知，目前还没有通用的方法来定义 GaN 基晶体管的 lSSOA，也没有关于 lSSOA 的报道。5.2.5 节举例说明了如何确定 HD-GIT（嵌入式混合漏极结构的栅极注入晶体管）的 lSSOA[42]。

sSSOA 可以通过双脉冲测试（DPT）获得，其中仅需捕获器件进行两次开关情况下的波形。图 5.8 给出了电感型负载开关在双脉冲测试(DPT)条件下的波形示意图[27]。由于器件仅开关两次，在大多数情况下，器件温升有限甚至可以忽略不计，因此，DPT 仅适用于测量 sSSOA。

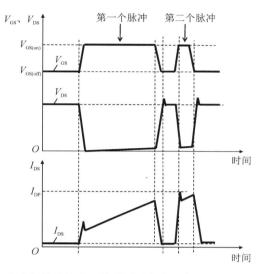

图 5.8　电感型负载开关在双脉冲测试条件下的 V_{GS}、V_{DS} 和 I_{DS} 波形

lSSOA 由动态高温工作寿命(D-HTOL)测试确定。在测试中，器件需在长时间连续脉冲下进行开关工作。图 5.9 给出了电感型负载开关在连续开关条件下的波形示意图。在这种情况下，通过不断地监测器件的 T_J、直流特性及动态 $R_{DS(on)}$，可验证它们是否在正常值范围内。

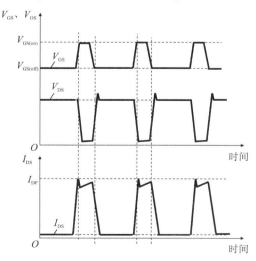

图 5.9　电感型负载开关在连续开关条件下的 V_{GS}、V_{DS} 和 I_{DS} 波形

图 5.10 给出了 GaN 基功率晶体管的 SSOA 示意图。此处，(i)、(ii)和(iii)分别由导通电阻、最大电流和额定电压确定；(iv)是由 DPT 方法确定的 sSSOA；(v)是由 D-HTOL 测试确定的 lSSOA，它是通过 V_{DD}、I_{DP} 和 T_J 的寿命加速因子获得的。

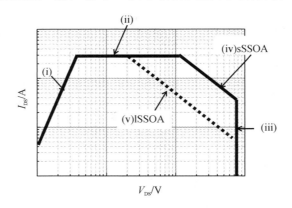

图 5.10　GaN 基功率晶体管的 SSOA 示意图

5.2 嵌入式混合漏极结构的栅极注入晶体管(HD-GIT)的可靠性验证

本节将介绍如何验证商用 GaN 基功率晶体管的鲁棒性。通过适当调整，这里介绍的方法还可用于验证其他 GaN 基晶体管的鲁棒性。

5.2.1 器件的结构

图 5.11(a)给出了嵌入式混合漏极结构的栅极注入晶体管(HD-GIT)的横截面示意图。该器件结构是基于增强型栅极注入晶体管(GIT)提出的，其中 GIT 器件的结构示意图如图 5.11(b)所示[35]。GIT 结构的特点是在 AlGaN/GaN 沟道上方采用 p 型 GaN 栅极耗尽沟道电子，从而使器件实现增强型；另外，器件是基于低成本的 6 英寸 Si 衬底生长的 AlGaN/GaN 异质外延结构。HD-GIT 结构的一个显著特点是在厚的 AlGaN 势垒层上采用与漏极相连的 p 型 GaN 层(p 型漏极)，以抑制电流崩塌。由于 p 型漏极下方的 AlGaN 势垒层足够厚，因此电子不会被耗尽，从而不会增加开态电阻。只有在 p 型漏极上施加高电压时才会从 p 型漏极注入空穴，这些注入的空穴可以防止栅漏区带负电。因此，在远高于额定电压(600 V)的 850 V 的 V_{DS} 下，电感型负载开关未出现电流崩塌现象[31, 33]。此外，由于 p 型漏极的空穴注入减小了内部电场[33]，因此，与 GIT 结构相比，HD-GIT 结构的可靠性大幅

提高[36]。

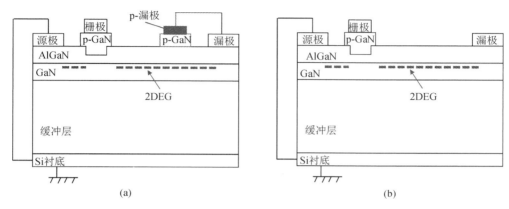

图 5.11　器件横截面示意图

可靠性测试中使用的所有器件均采用 8 mm×8 mm 表面贴装型双平面无铅封装（DFN）形式进行封装，这种封装形式的寄生电感最小，以便用于高频开关应用。HD-GIT 的特征导通电阻、额定电压、击穿电压和阈值电压分别为 70 mΩ、600 V、1000 V 和 1.2 V。

5.2.2　基本可靠性测试

作为验证 HD-GIT 器件鲁棒性的第一步，我们首先采用应用于 Si 基功率晶体管可靠性的 JEDEC 标准对 HD-GIT 器件进行基本的可靠性测试[36]。该测试主要关注器件直流特性的可靠性。表 5.1 总结了 HD-GIT 的测试项目、条件、合规性、数量和结果。表中的交流（AC）栅极偏置测试（第 11 项）超出了 Si 基功率晶体管的 JEDEC 标准，而其他的都符合标准。

表 5.1　HD-GIT 的基本可靠性测试结果

序号	测试项目	条　件	合规性	数量	结果
1	HTRB	$T_a=150℃$，$V_{DS}=480$ V，1000 h	JESD22-A108[27]	45 件×3 批	通过
2	H3TRB	$T_a=85℃$，湿度为 85%，$V_{DS}=480$ V，1000 h	JESD22-A101[27]	45 件×3 批	通过
3	DC HTGS(+)	$T_J=150℃$，$V_{GS}=4.0$ V，1000 h	JESD22-A108[27]	45 件×3 批	通过
4	DC HTGS(−)	$T_J=150℃$，$V_{GS}=-12$ V，1000 h	JESD22-A108[27]	45 件×3 批	通过
5	HTS	$T_a=150℃$	JESD22-A103[27]	45 件×3 批	通过
6	LTS	$T_a=-65℃$	JESD22-A119[27]	45 件×3 批	通过

续表

序号	测试项目	条　　件	合规性	数量	结果
7	TC	$T_a = -55/150℃$，相隔停留时间为30 min，1000 次循环	JESD22-A104[27]	45 件×3 批	通过
8	IOL	$T_a = 25℃$，$\Delta T_J = 100℃$，15000 次循环(单次循环：on/off=2/2 min)	JESD22-A105[27]	6 件×1 批	通过
9	ESD，HBM	$T_a = 25℃$，$\pm 2\ kV$	JS-001[2]	3 件×1 批	通过
10	ESD，CDM	$T_a = 25℃$，$\pm 500\ V$	JS-002[2]	3 件×1 批	通过
11	AC，HTGS	V_{GS} 施加连续脉冲(7.7/−7.2 V)	超出了 JEDEC	5 件×1 批	通过

(1) HTRB(高温反向偏置)：在环境温度 T_a 和偏置电压 V_{DS} 下，HD-GIT 保持关态，在此条件下进行测试。在不同关态条件下，通过深入研究 HTRB 测试条件下器件的可靠性，发现 HD-GIT 的关态退化可采用经时介质击穿(TDDB)机制来解释[37]，且与关态电压和温度密切相关。研究还发现，HTRB 条件下器件的寿命在很大程度上取决于 HTRB 测试前的泄漏电流，这意味着我们可以准确地预测出 HTRB 条件下器件的寿命。V_{DS} 的加速因子和寿命的激活能分别为 0.037 和 0.62 eV。根据获得的加速因子，我们估计器件在 150℃、$V_{DS} = 480$ V(80%降额)下对应 0.1%失效率的寿命超过 1000 年，这对于大多数传统的功率转换器应用来说已经足够长[36]。

(2) H3TRB(高湿度高温反向偏置)：在湿度条件下对 HD-GIT 施加反向偏置。

(3) DC HTGS(＋)(高温直流正栅压偏置)：在高温下对器件栅极施加直流正电压 V_{GS}，且结温 T_J 控制在 150℃。

(4) DC HTGS(−)(高温直流负栅压偏置)：在高温下对器件栅极施加直流负电压 V_{GS}。

(5) HTS(高温存储)：在高温下对 HD-GIT 进行存储。

(6) LTS(低温存储)：在低温下对 HD-GIT 进行存储。

(7) TC(温度循环)：HD-GIT 的温度在低温和高温之间周期性切换。

(8) IOL(间歇运行寿命)：采用直流电源周期性地对 HD-GIT 进行开关，可以使开启下的器件结温 T_J 增加 100℃。

(9) ESD，HBM(人体模型静电放电)：基于人体放电模型进行 ESD(静电放电)测试。

(10) ESD，CDM(元件充电模型静电放电)：基于元件充电模型进行 ESD 测试。

(11) AC，HTGS(交流栅极偏置)：最大峰值电压和最小峰值电压分别为 7.7 V 和 −7.2 V 的连续脉冲作用于栅极，持续时间为 1000 h，开关频率为 100 kHz，开启时间为

2 μs，预计 T_J 为 150℃。

完成上述测试后，我们检查了 HD-GIT 的直流特性。表 5.2 总结了通过可靠性测试的标准，以此可以判定 HD-GIT 是否能通过以上所有的可靠性测试。

表 5.2　判定可靠性测试通过的标准

测试项目	通过条件
$I_{GSS}@V_{GS}=-10$ V	<1 mA
$V_{GSF}@I_{GS}=100$ μA/mm	2.5～4.5 V
$V_{th}@I_{DS}=10$ μA/mm	0.7～1.6 V
$R_{DS(on)}@I_{GS}=100$ μA/mm	<100 mΩ
$I_{DSS\_D}@V_{DS}=600$ V	$\leqslant 10$ μA
$I_{DSS\_G}@V_{DS}=600$ V	$\leqslant 10$ μA

5.2.3　短时间开关安全工作区(sSSOA)的确定

接下来讨论 HD-GIT 在开关工作条件下的可靠性。图 5.12 中的黑线表示 HD-GIT 的 sSSOA，它是由 DPT 测试确定的。此处在高于器件额定电压(600 V)的情况下进行 DPT 测

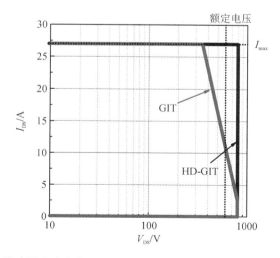

图 5.12　双脉冲测试确定的 HD-GIT 和 GIT 短时间开关安全工作区(sSSOA)

试是为了研究器件开关能力的极限。由于 HD-GIT 没有电流崩塌效应,故 sSSOA 形成了受额定电压和最大电流限制的矩形区域。图 5.12 中的红线表示 GIT 的 sSSOA,此区域比对应的 HD-GIT 的 sSSOA 小得多,这主要是因为器件在半开态发生了电流崩塌。HD-GIT 的 sSSOA 显著改善是由于 p 型漏极的空穴注入[33],这部分内容将在本章 5.3 节中进行简要讨论。

5.2.4 动态高温工作寿命(D-HTOL)的测试

下面使用图 5.6 所示的电路对 HD-GIT 进行 D-HTOL 测试,图中将带有电阻负载(R)的电感器(L)和 SiC 基二极管(V_{D1})并联,并将开关频率设置为 50 kHz,占空比设置为 3%[42]。

研究结果表明,长时间开关寿命 L_{sw} 主要取决于峰值开关电流 I_{DP} 和输入电压 V_{DD},而与温度关系不大。下面讨论这些参量的加速因子在长时间周期内对寿命的影响。

首先,在环境温度 T_a 为 50℃ 和 95℃,器件偏置为 $V_{DD}=640$ V 和 $I_{DP}=27$ A 下,进行连续开关,得到如图 5.13(a)所示的威布尔分布图。所得的形状参数 m 为 1.7,大于 1,表明其退化模式为老化失效。图 5.13(a)中的内嵌图是中位失效时间(MTTF)的阿伦纽斯(Arrhenius)图,从该图中可以确定激活能 E_a 为 0.1 eV。该激活能的值非常小,表明 L_{sw} 对 T_J 的依赖性很弱,可能原因是高温下的热电子能量通常会由于声子散射的激活而减少,所以 GaN 基晶体管中的热电子俘获效应在高温下并不显著[38]。

其次,在保持 I_{DP} 不变的情况下研究了 V_{DD} 加速因子对 L_{sw} 的影响。在图 5.6 所示的电路中,我们重新焊接适当的负载以保持 I_{DP} 恒定。图 5.14(a)为不同 V_{DD} 条件下在开关过程中得到的 $I_{DS}-V_{DS}$ 曲线。图 5.13(b)为在 I_{DP} 恒定为 27 A 而 V_{DD} 不同的条件下 L_{sw} 的威布尔分布图。从图中可以看出,L_{sw} 随 V_{DD} 的增加而减小。图 5.13(b)中的内嵌图为 MTTF 随 V_{DD} 的变化情况,从图中可以得到电压加速因子 β_v 为 0.039。尽管对于较大的 V_{DD},通常认为 T_J 应该更高,但因为 L_{sw} 在 HD-GIT 中对 T_J 的依赖性较小,所以 L_{sw} 似乎仅与 V_{DD} 有关。

最后,我们研究了 I_{DP} 加速因子对 L_{sw} 的影响。图 5.14(b)为不同 I_{DP} 条件下在开关过程中得到的 $I_{DS}-V_{DS}$ 曲线。该过程中 V_{DD} 恒定为 640 V,在不同 I_{DP} 的条件下进行 D-HTOL 测试。图 5.13(c)为不同 I_{DP} 条件下的威布尔分布图,从图中可以看出 L_{sw} 随着 I_{DP} 的增加而减小。图 5.13(c)中的内嵌图为 MTTF 随 I_{DP} 的变化情况,从图中可以得到电流加速因子 β_c 为 0.47。根据上述加速因子,我们估计在 $V_{DD}=400$ V、$I_{DP}=27$ A 和 $T_J=95$℃ 条件下电感型负载开关的 L_{sw} 为 6000 h。

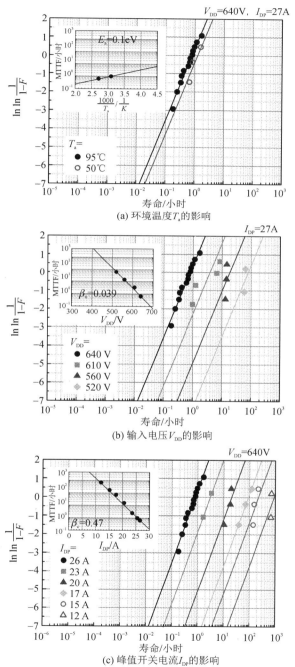

(a) 环境温度 T_a 的影响

(b) 输入电压 V_{DD} 的影响

(c) 峰值开关电流 I_{DP} 的影响

图 5.13　在不同影响因素下的威布尔分布图(内嵌图提供了相应的加速因子)

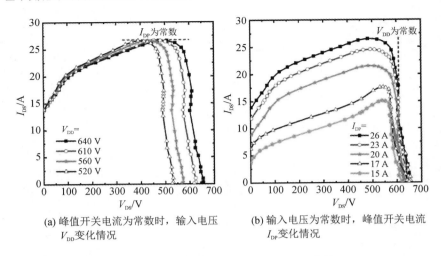

(a) 峰值开关电流为常数时，输入电压　　　　(b) 输入电压为常数时，峰值开关电流
　　　V_{DD} 变化情况　　　　　　　　　　　　　　I_{DP} 变化情况

图 5.14　开关可靠性测试下 I_{DS} - V_{DS} 曲线

此外，假设瞬时 I_{DP} 和 V_{DD} 的值结合获得的加速因子估计量会使每个开关脉冲寿命缩短，则可以粗略估计出 3 kW 图腾式(totem-pole)功率因数校正电路(PFC)的开关寿命约为 24 年。这一预期寿命对于大多数 PFC 应用来说已经足够长。

事实上，目前关于 GaN 基器件在实际应用中的寿命数据量非常有限，因此 GaN 基晶体管的应用级可靠性仍存在较多争议，需要进行更全面的研究[6,39,40]。然而，由于本研究中估计的 GaN 基晶体管的寿命足够长，因此我们有信心可以在功率转换器应用中增加 GaN 基晶体管的使用。我们也希望未来会有更多关于 GaN 基晶体管在实际应用中的可靠性研究。

5.2.5　长时间开关安全工作区(lSSOA)的确定

基于已知 D-HTOL 测试的加速因子，下面将定义 HD-GIT 的 lSSOA[41-42]。假设 I_{DP} 和 V_{DD} 的加速过程相互独立，则 L_{sw} 可以表示为

$$L_{sw} = A \cdot \exp[-(\beta_v V_{DD} + \beta_c I_{DP})] \qquad (5.1)$$

其中，A 是一个常数。为了简便，此处忽略了温度加速因子，这是因为温度加速因子对温度的依赖性很小。式(5.1)表示，给出一组具有相同的 $(\beta_v V_{DD} + \beta_c I_{DP})$ 值的集合 (I_{DP}, V_{DD})，对应有相同的 L_{sw}。因此，对于给定的 S_c，有着相同的 L_{sw}，其中

$$I_{DP} = -\frac{\beta_v}{\beta_c} V_{DD} + S_c \qquad (5.2)$$

图 5.15 中的实线描述了方程(5.2)中 S_c 为 64 A 的情况，其中，绿色虚线和红色虚线分别描述了 $V_{DD} = 530$ V、$I_{DP} = 26$ A 和 $V_{DD} = 640$ V、$I_{DP} = 17$ A 条件下 I_{DS} - V_{DS} 的开关曲线，阴影面积是由被测试器件额定电压和最大电流限制而形成的区域，实线代表一组

$(I_{DP}，V_{DD})$有着相同的 L_{sw}，方程(5.2)的最小 S_c 与开关曲线的交点决定了相应的 L_{sw}。因此，可推测出绿色虚线和红色虚线下的 L_{sw} 相同。

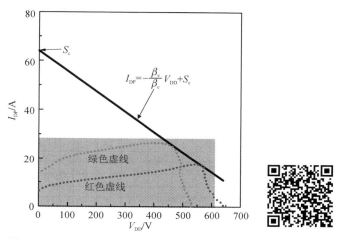

图 5.15　与实线相交的交点处的开关条件对应相同的开关寿命

基于此推测，我们绘制了测量到的 MTTF 与 S_c 的关系曲线，如图 5.16 所示。S_c 值越大，MTTF 值越小。实线是对实验数据的线性拟合，可以看出 MTTF 与 S_c 之间存在明确的关系。我们从中提取了 1 年、5 年和 10 年开关工作的 S_c 值。通过绘制斜率为 $-\beta_v/\beta_c$、过点$(0，S_c)$的直线，可以提取 1 年、5 年、10 年开关工作的 lSSOA，如图 5.17 所示。此处获得的区域被器件的额定电压线和最大电流线所截。据我们所知，这是首次关于 GaN 基功率晶体管 lSSOA 的论述，这对于未来打算采用 GaN 基功率晶体管的功率转换器设计人员来说是非常有价值的。

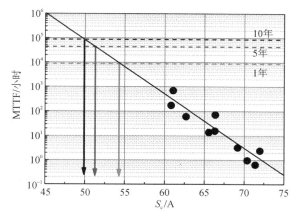

图 5.16　MTTF 与 S_c 的关系曲线

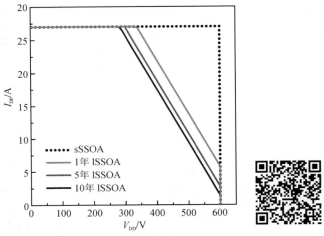

图 5.17　适用于 1 年、5 年和 10 年工作的 HD-GIT 器件长时间开关安全工作区(lSSOA)

5.2.6　短路能力(SCC)的测试

在功率转换器应用中可能发生短路事件,所以要求器件在保护电路开始工作前应能承受几微秒的短路时间,目前已经有一些关于 GaN 基晶体管 SCC 测试的报道[43-45]。下面采用图 5.18(a)所示的电路对 HD-GIT 进行 SCC 测试。作为对比,也对 GIT 进行了 SCC 测

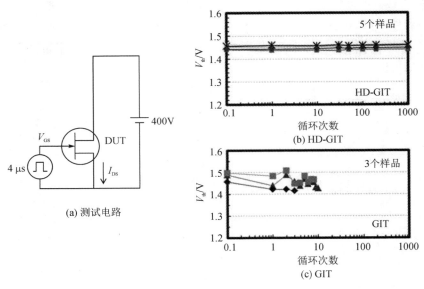

图 5.18　短路条件下不同器件的阈值电压 V_{th} 随循环次数 N 变化的曲线

试。在每个循环中，器件在 $V_{DS} = 400$ V、$V_{GS} = 0$ V 的关断状态下保持几秒钟，然后切换到开启状态持续 4 μs，之后再次转换到关断状态。在每个循环之间，等待 3 min 再测量室温下器件的阈值电压 V_{th}，以检查器件是否发生了严重退化。上述过程循环执行 1000 次。

图 5.18(b) 给出了 HD-GIT 中 V_{th} 随循环次数 N 变化的曲线，从图中可以看出 V_{th} 的变化可忽略不计，说明在 SCC 测试下 HD-GIT 很稳定。其他 DC 特性也在其正常值范围内。

图 5.18(c) 给出了 GIT 中 V_{th} 随循环次数 N 变化的曲线，从图中可以看出，N 还未到 10 时，GIT 就已被击穿。而且与 HD-GIT 相比，GIT 中 V_{th} 的变化大得多。SCC 测试中 GIT 的耐受能力低于 HD-GIT 的客观事实说明，热效应不是导致 GIT 在 SCC 测试中被击穿的主要原因。我们认为，电流崩塌是引起此现象的主要原因。在 SCC 测试中，HD-GIT 比 GIT 更具显著优势是由于 HD-GIT 独特的器件结构，其中 p 型漏极的空穴注入可有效抑制电流崩塌[36]。

5.3　HD-GIT 具有高鲁棒性的物理机制

本节简要介绍 HD-GIT 具有高鲁棒性的原因。基于实验和仿真研究，我们认为 HD-GIT 具有高鲁棒性是由于 p 型漏极的空穴注入抑制了电流崩塌效应，降低了内部电场。这不仅使器件适用于关态情况，而且适用于半开态情况。

在关态下，p 型漏极的空穴注入阻止了器件结构中负电荷的俘获（如图 5.1(a) 中所示）。图 5.19 给出了 HD-GIT 和 GIT 两种结构中二维电子气(2DEG)沟道内的绝对电场分布仿真结果。与 GIT 中的最大电场相比，HD-GIT 中的最大电场由于 p 型漏极的空穴注入而减小。图 5.19 中的内嵌图分别给出了关态($V_{DS} = 600$ V，$V_{GS} = 0$ V) 下 GIT 和 HD-GIT 的电致发光(EL)图像。EL 的位置主要位于 GIT 的漏端，而在 HD-GIT 中，栅-漏区之间光强分布均匀，与关态下的仿真结果一致[33]。HD-GIT 漏极边缘最大电场的降低有助于提高器件在 HTRB 测试下的可靠性[36]。

与关态下的情况类似，HD-GIT 中 p 型漏极的空穴注入对抑制半开态下的热电子俘获也非常有效（见图 5.1）。图 5.20 总结了在室温、$V_{DS} = 150$ V、不同的 V_{GS} 条件下，GIT 和 HD-GIT 器件半开态的 EL 图像。在 GIT 中，当 $V_{GS} = 2.0$ V 时，EL 信号位于栅极一侧；而当 V_{GS} 增大到 3.6 V 时，EL 信号向漏极一侧偏移；在中间情况，即 $V_{GS} = 3.0$ V 时，EL 信号在栅极和漏极两侧均可观察到。这一结果表明，随着 V_{GS} 的增加（进而引起 I_{DS} 的增加），热电子俘获被大量诱导，进而导致 2DEG 沟道附近被俘获电子的浓度增加。因此，随着 GIT 中 V_{GS} 的增加，峰值电场由栅极向漏极一侧移动[17]。

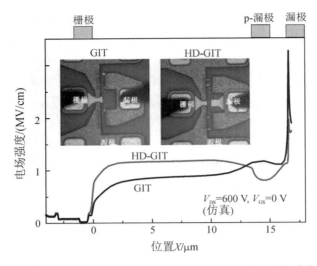

图 5.19 二维电子气沟道内的绝对电场分布仿真结果，内嵌图为在关态下（$V_{DS} = 600$ V 和 $V_{GS} = 0$ V）GIT 和 HD-GIT 的电致发光图像

在室温下

图 5.20 不同栅压下 GIT 和 HD-GIT 的电致发光信号位置图（$V_{DS} = 150$ V）

  另外，在 HD-GIT 中，EL 信号在任意 V_{GS} 下都在栅极一侧，表明在 HD-GIT 中热电子俘获被有效抑制。在 HD-GIT 中，从 p 型漏极注入的空穴阻止了栅极与 p 型漏极之间的有源区因热电子效应而带负电。该结果表明，半开态下电流崩塌得到改善，因此，HD-GIT 比 GIT 具有更高的鲁棒性[33,36]。

5.4　结论

本章概述了如何验证商用嵌入式混合漏极结构的栅极注入晶体管（HD-GIT）的鲁棒性。除了进行基于 Si 基功率晶体管标准化的可靠性测试外，还进行了双脉冲测试（DPT）和动态高温工作寿命（D-HTOL）测试，确定了短时间开关安全工作区（sSSOA）和长时间开关安全工作区（lSSOA）。这些方法可以应用于其他类型的 GaN 基功率晶体管。我们期望具有高鲁棒性的 GaN 基晶体管得到更广泛的应用，从而实现更高效、更小体积的功率开关应用。

参 考 文 献

[1]　JEDEC standard，JESD22 (2016).

[2]　ANSI/ESDA/JEDEC joint standard，JS-001/002.

[3]　KIKKAWA T，HOSODA T，IMANISHI K，et al. 600 V JEDEC-qualified highly reliable GaN HEMTs on Si substrates[C]//2014 IEEE International Electron Devices Meeting. IEEE，2014：2.6.1-2.6.4.

[4]　WU Y F，GRITTERS J，SHEN L，et al. Performance and robustness of first generation 600 V power transistors[C]//The 1st IEEE Workshop on Wide Bandgap Power Devices and Applications. IEEE，2013：6-10.

[5]　KIKKAWA T，HOSODA T，SHONO K，et al. Commercialization and reliability of 600 V power switches [C]//2015 IEEE International Reliability Physics Symposium. IEEE，2015：6C. 1.1-6C. 1.6.

[6]　RHEA B K，JENKINS L L，WERNER F T，et al. Two year reliability validation of GaN power semiconductors in low voltage power electronics applications[C]//2015 IEEE 3rd Workshop on Wide Bandgap Power Devices and Applications (WiPDA). IEEE，2015：206-209.

[7]　MOENS P，BANERJEE A，COPPENS P，et al. Technology and design of GaN power devices[C]//2015 45th European Solid State Device Research Conference(ESSDERC). IEEE，2015：64-67.

[8]　EPC(2015)[Online]. http://epc-co. com/epc/DesignSupport/eGaNFETReliability. aspx.

[9]　ROSSETTO I，MENEGHINI M，HILT O，et al. Time-dependent failure of GaN-on-Si power HEMTs with p-GaN gate[J]. IEEE Transactions on Electron Devices，2016，63(6)：2334-2339.

[10]　BINARI S C，IKOSSI K，ROUSSOS J A，et al. Trapping effects and microwave power performance in AlGaN/GaN HEMTs[J]. IEEE Transactions on Electron Devices. ，2001，48(3)：465-471.

[11]　ANWAR A F M，ISLAM S S，WEBSTER R T. Carrier trapping and current collapse mechanism in GaN metal-semiconductor field-effect transistors[J]. Applied Physics Letters，2004，84(11)：1970-1972.

[12]　HASHIZUME T，OOTOMO S，INAGAKI T，et al. Surface passivation of GaN and GaN/AlGaN heterostructures by dielectric films and its application to insulated-gate heterostructure transistors

[J]. Journal of Vacuum Science & Technology A, 2003, 21(4): 1828-1838.

[13] BISI D, MENEGHINI M, DE SANTI C, et al. Deep-level characterization in GaN HEMTs-Part I: advantages and limitations of drain current transientmeasurements [J]. IEEE Transactions on Electron Devices, 2013, 60(10): 3166-3175.

[14] KLEIN P B, BINARI S C, IKOSSI K, et al. Current collapse and the role of carbon in AlGaN/GaN high electron mobility transistors grown by metalorganic vapor-phase epitaxy[J]. Applied Physics Letters, 2001, 79(21): 3527-3529.

[15] TANAKA K, UMEDA H, ISHIDA H, et al. Effects of hole traps on the temperature dependence of current collapse in a normally-OFF gate-injection transistor[J]. Japanese Journal of Applied Physics, 2016, 55(5): 054101.

[16] MENEGHINI M, STOCCO A, SILVESTRI R, et al. Degradation of AlGaN/GaN high electron mobility transistors related to hot electrons[J]. Applied Physics Letters, 2012, 100(23): 233508.

[17] MENEGHINI M, DE SANTI C, UEDA T, et al. Time-and field-dependent trapping in GaN-based enhancement-mode transistors with p-gate[J]. IEEE Electron Device Letters, 2012, 33(3): 375-377.

[18] PUZYREV Y, MUKHERJEE S, CHEN J, et al. Gate bias dependence of defect-mediated hot-carrier degradation in GaN HEMTs[J]. IEEE Transactions on Electron Devices, 2014, 61(5): 1316-1320.

[19] ROSSETTO I, HURKX F, ŠONSK J, et al. Extensive investigation of time-dependent breakdown of GaN-HEMTs submitted to OFF-state stress[J]. IEEE Transactions on Electron Devices, 2015, 62 (8): 2549-2554.

[20] BRAZZINI T, CASBON M A, SUN H, et al. Electroluminescence of hot electrons in AlGaN/GaN high-electron-mobility transistors under radio frequency operation[J]. Applied Physics Letters, 2015, 106(21): 213502.

[21] BAHL S R, JOH J, FU L, et al. Application reliability validation of GaN power devices[C]//2016 IEEE International Electron Devices Meeting (IEDM). IEEE, 2016: 20.5.1-20.5.4.

[22] JOH J, TIPIRNENI N, PENDHARKAR S, et al. Current collapse in GaN heterojunction field effect transistors for high-voltage switching applications[C]//2014 IEEE International Reliability Physics Symposium. IEEE, 2014: 6C.5.1-6C.5.4.

[23] BAHL S R, RUIZ D, LEE D S. Product-level reliability of GaN devices[C]//2016 IEEE International Reliability Physics Symposium (IRPS). IEEE, 2016: 4A-3-1-4A-3-6.

[24] MENEGHINI M, STOCCO A, SILVESTRI R, et al. Impact of hot electrons on the reliability of AlGaN/GaN high electron mobility transistors[C]//2012 IEEE International Reliability Physics Symposium (IRPS). IEEE, 2012: 2C.2.1-2C.2.5.

[25] MENEGHESSO G, MENEGHINI M, STOCCO A, et al. Degradation of AlGaN/GaN HEMT devices: role of reverse-bias and hot electron stress[J]. Microelectronic Engineering, 2013, 109: 257-261.

[26] HWANG I, KIM J, CHONG S, et al. IEEE Electron Dev. Lett. 2013(34): 1494.

[27] JEDEC standard, JC-70 Wide Bandgap Power Electronic Conversion Semiconductors.

[28] [Online]https：//e2e. ti. com/blogs_/b/powerhouse/archive/2015/05/02/understanding-mosfetdata-sheets-part-2-safe-operating-area-soa-graph.

[29] EVARTS J, JACQMAER P, GELAGAEV R, et al. Driesen, in Proceedings of Power Conversion and Intelligent Motion (PCIM) Europe, Nuremberg, May 2010, 309.

[30] LU B, PALACIOS T, RISBUD D, et al. Extraction of dynamic on-resistance in GaN transistors： under soft- and hard-switching conditions[C]//2011 IEEE Compound Semiconductor Integrated Circuit Symposium (CSICS). IEEE, 2011：1-4.

[31] KANEKO S, KURODA M, YANAGIHARA M, et al. Current-collapse-free operations up to 850 V by GaN-GIT utilizing hole injection from drain[C]//2015 IEEE 27th International Symposium on Power Semiconductor Devices & IC's (ISPSD). IEEE, 2015：41-44.

[32] LIU Z, LI B, LEE F C, et al. High-efficiency high-density critical mode rectifier/inverter for WBG-device-based on-board charger[J]. IEEE Transactions on Industrial Electronics, 2017, 64(11)：9114-9123.

[33] TANAKA K, MORITA T, UMEDA H, et al. Suppression of current collapse by hole injection from drain in a normally-off GaN-based hybrid-drain-embedded gate injection transistor[J]. Applied Physics Letters, 2015, 107(16)：163502.

[34] OKITA H, HIKITA M, NISHIO A, et al. Through recessed and regrowth gate technology for realizing process stability of GaN-GITs[C]//2016 International Symposium on Power Semiconductor Devices and ICs (ISPSD). IEEE, 2016.

[35] UEMOTO Y, HIKITA M, UENO H, et al. Gate injection transistor (GIT)—A normally-off AlGaN/GaN power transistor using conductivity modulation[J]. IEEE Transactions on Electron Devices, 2007, 54(12)：3393-3399.

[36] TANAKA K, MORITA T, ISHIDA M, et al. Reliability of hybrid-drain-embedded gate injection transistor[C]//2017 IEEE International Reliability Physics Symposium (IRPS). IEEE, 2017：4B-2. 1-4B-2. 10.

[37] DEGRAEVE R, KACZER B, GROESENEKEN G. Degradation and breakdown in thin oxide layers： mechanisms, models and reliability prediction[J]. Microelectronics Reliability, 1999, 39(10)：1445-1460.

[38] DALCANALE S, MENEGHINI M, TAJALLI A, et al. GaN-based MIS-HEMTs：Impact of cascode-mode high temperature source current stress on NBTI shift[C]//2017 IEEE International Reliability Physics Symposium (IRPS). IEEE, 2017：4B-1. 1-4B-1. 5.

[39] SHERIDAN D C, LEE D Y, RITENOUR A, et al. Ultra-low loss 600V-1200V GaN power transistors for high efficiency applications[C]//PCIM Europe 2014；International Exhibition and Conference for Power Electronics, Intelligent Motion, Renewable Energy and Energy Management. VDE, 2014：1-7.

[40] WU Y F, GUERRERO J, MCKAY J, et al. Advances in reliability and operation space of high-voltage GaN power devices on Si substrates[C]//2014 IEEE Workshop on Wide Bandgap Power Devices and Applications. IEEE, 2014：30-32.

[41] IKOSHI A, TANAKA K, TOKI M, et al. [C]//2018 Applied Power Electronics Conference

（APEC），2018.

[42] IKOSHI A，TOKI M，YAMAGIWA H，et al. Lifetime evaluation for hybrid-drain-embedded gate injection transistor（HD-GIT）under practical switching operations[C]//2018 IEEE International Reliability Physics Symposium（IRPS）. IEEE，2018：4E. 2-1-4E. 2-7.

[43] VEEREDDY D，MCDONALD T，AMBRUS J，et al. Robustness aspects of 600 V GaN-on-Si based power cascoded HFET[C]//2016 IEEE 4th Workshop on Wide Bandgap Power Devices and Applications（WiPDA）. IEEE，2016：162-167.

[44] NAGAHISA T，ICHIJOH H，SUZUKI T，et al. Robust 600 V GaN high electron mobility transistor technology on GaN-on-Si with 400 V，5 μs load-short-circuit withstand capability[J]. Japanese Journal of Applied Physics，2016，55(4S)：04EG01.

[45] HUANG X，LEE D Y，BONDARENKO V，et al. Experimental study of 650 V AlGaN/GaN HEMT short-circuit safe operating area（SCSOA)[C]//2014 IEEE 26th International Symposium on Power Semiconductor Devices & IC's（ISPSD）. IEEE，2014：273-276.

第 6 章

寄生效应对 GaN 基功率转换器的影响

Johan T. Strydom

6.1　GaN 基功率器件的寄生参数

当前的 GaN 基功率器件主要是高电子迁移率晶体管（HEMT），它属于场效应晶体管（FET），其工作模式与 Si 基 MOSFET 类似。由于 GaN 基 FET 与 Si 基 MOSFET 存在相似性，因此，其器件级寄生效应的分析方法是可以相互借鉴的。为了解决与 Si 基 MOSFET 相同的寄生效应带来的问题，许多 GaN 基器件的优化方法都基于过去三十多年在 MOSFET 研发过程中所累积的知识。然而，GaN 基器件的相对速度与之不同，这带来了额外的挑战。为了评估两者之间的差别，图 6.1 给出了几种标称电压为 100 V 的 GaN 基 FET 和 Si 基 MOSFET 的相对栅极电荷分布，结果表明，Si 基 MOSFET 的栅极电荷至少比 GaN 基 FET 高 5 倍。

为了更好地理解器件级寄生效应，我们可以从理解 MOSFET 优值（FOM）开始。提出 MOSFET 优值的目的是在不受限于芯片尺寸的情况下比较器件技术的优劣[1-9]。FOM 可表示为器件导通电阻（$R_{DS(on)}$）和特定寄生电容总电荷之间的乘积，其与器件本身的损耗呈比例，其中包含的电荷分量被认为是器件工作中主要的寄生损耗分量。最早提出的 FOM 只考虑了总栅极电荷 Q_G[3]，而用于硬开关[5-6]的特定 FOM 则需要考虑栅极到漏极的电荷 Q_{GD}。除此之外，还提出了用于软开关应用的 FOM[4, 7]，从而可以更加接近应用中预期的系统性能。

为了更好地理解器件内部寄生效应的重要性，首先应了解 MOSFET 的演变历程。目前的耐辐射 MOSFET 结构自二十世纪八十年代初以来没有太多变化，因此可以用它们

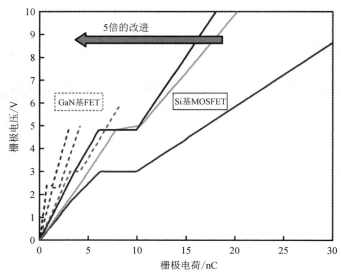

图 6.1 归一化为 10 mΩ 的 100 V GaN 基 FET 和 Si 基 MOSFET 的栅极电荷分布

对最早的 Si 基 MOSFET 优值进行评估。通过图 6.2(a) 可以看出，当前最先进的 Si 基 MOSFET[8] 与最早的耐辐射 Si 基 MOSFET 的 FOM($R_{DS(on)} \cdot Q_G$) 相比增加了 20 倍；通过图 6.2(b) 可以看出，与硬开关相关的 FOM($R_{DS(on)} \cdot Q_G$) 相比，在相同时期内增加了 40 倍。对硬开关应用（最常见用途）而言，Q_{GD} 的减少相对来说比 Q_G 更为重要，尽管这两者的降低程度并不同步。图 6.2 还对最新一代和第一代 GaN 基 FET 进行了比较，很显然，Q_{GD} 也出现了类似的不呈比例的提升，其中导通 FOM 提高了 2～2.5 倍，开关 FOM 提高了 3～4 倍。

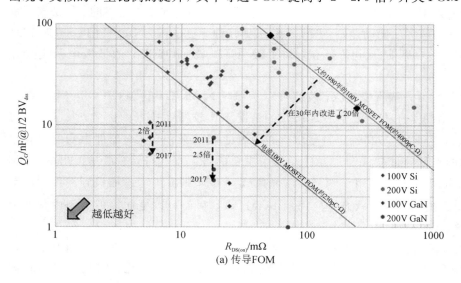

(a) 传导FOM

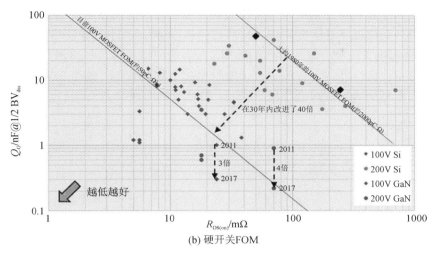

图 6.2　100 V 和 200 V MOSFETs 以及不同 FOM 的 GaN 基 FET 随时间的演变历程

6.1.1　米勒电荷比

当考虑硬开关中占传统主导地位的重叠损耗的影响时，这种大幅降低 Q_{GD} 的系统具有非常明显的优势[10-11]。然而，降低 Q_{GD} 的另一个重要因素是提高 MOSFET 的米勒电荷比（CR）[12]，以最大限度地减少不必要的电压变化率 dv/dt 引起的误导通。简而言之，如果器件在其直流工作电压（V_{DS}）下的米勒 CR（在式（6.1）中定义）小于 1，则可以使器件免受 dv/dt 引起误导通的影响。

$$米勒\ CR = \frac{Q_{GD}(V_{DS}-V_{th})}{Q_{GS1}(V_{th}-V_{GL})} < 1 \tag{6.1}$$

其中，V_{th} 是器件阈值电压；V_{GL} 是关态栅压，通常为零，但也可能为负。考虑到不总是能获得米勒电荷比稳定的器件，我们提出了电路级的改进方法，例如使用交流耦合栅极驱动装置[13]来提供负的关态栅压，从而人为地增加 MOSFET 的电荷 Q_{GS1}，或者通过限制 dv/dt 的值以避免引起外部的栅极驱动[14]。然而，要确定 dv/dt 的上限并不容易，因为还必须考虑 MOSFET 内的分布式栅极电阻[15]。此外，现有的分析并未考虑栅极驱动回路内感性电路元件的影响，而只是将系统视为一个 RC 网络。对于 MOSFET 来说，人们认为通过忽略 MOSFET 电极电感的影响便可以推导出简单合理而又准确的公式。采用这种简化的方式也是因为包含寄生电感会使问题变得非常复杂，难以用一个简单的公式表达[14]。然而，随着器件开关速度的提高，这些简化方式的"合理性"也受到了质疑，比如 GaN 基器件就是这样。

将以上知识应用于具有更高 dv/dt 的 GaN 基器件时，显然不能忽略电路电感的影响。对于图 6.3 所示的集总电路近似值（包括栅极回路电感），我们可以合理地假设，在足够高

的 dv/dt 边沿速率下，外部栅极驱动的下拉电路阻抗将变得很高，无法在要求的开关时间内通过大量电流。这有效地降低了最大允许 dv/dt 的实际值（一个远低于基于简单 RC 网络计算的值）。此外，也会降低交流耦合栅极驱动的效率，因为这种结构将进一步增加栅极驱动下拉电路的电感。目前，我们仍然无法精确量化栅极电感造成的影响，这也是未来研究的潜在领域，尤其是在模型中考虑共源电感（CSI）的影响（本章稍后将详细介绍）。

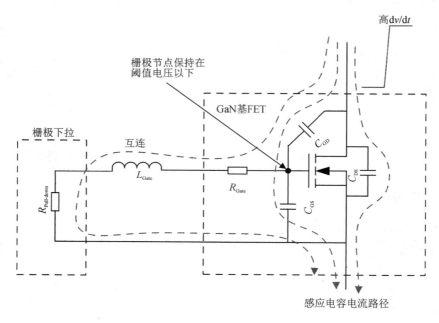

图 6.3　高 dv/dt 下的米勒电荷比对 GaN 基 FET 影响的集总电路图

本章稍后将更详细地讨论栅极回路电感寄生效应对系统影响的各个方面，但可以说，在器件级层面，任何降低分立器件的米勒电荷比的方法都可以提高整体系统性能，并能够增加最大允许 dv/dt 的开关速度。

6.1.2　内部栅极电阻

长期以来，人们知道 MOSFET 具有可以降低内部栅极电阻、提高系统性能的优势[16]，如今添加金属栅极总线结构已成为降低 MOSFET 内部栅极电阻的常规做法。对于 MOSFET，最小化 R_G 设计的优势已经得到了充分证明[15]。如 6.1.1 节所述，用 GaN 栅极下拉回路来抑制电压变化率 dv/dt 引起的导通，这一方法的有效性受到外部栅极回路电感的限制。因此，对于 GaN 基器件而言，权衡之后通常采用降低 C_{GD} 来进行 R_G 最小化设计，然而这种方法却增加了 R_G 或 C_G 和 C_{oss}（通过减少栅极总线或增加栅极屏蔽或两者结合）。

然而，由于 GaN 可实现的栅极电容远低于 Si(通过 R_{DS}(on)·Q_G 的 FOM 比较)，因此在不显著影响栅极电容的情况下实现低栅极电阻是可行的[17]。

6.1.3　输出电容电荷和二极管反向恢复电荷

其他与器件级寄生效应相关的电荷主要是二极管反向恢复电荷(Q_{RR})和输出电容电荷(Q_{OSS})。测量二极管的反向恢复特性时，很难将这两种电荷分离，因为它们都包含在测量的 Q_{RR} 中。由于在 Q_{RR} 重组过程中没有对电荷进行物理标示，因此很难区分所测电荷的哪一部分是 Q_{RR}，哪一部分是 Q_{OSS}[9]。但通过单独测量 Q_{OSS}，并从测量的总电荷中减去该量，可以估算实际二极管反向恢复电荷分量 Q_{RR}。目前，在制造商给出的数据表中这两个参数仍存在分歧，当两者都出现在 MOSFET 数据表中时，需要确定 Q_{RR} 的数值是实际测量的总电荷还是为了提高器件性能而减去了 Q_{OSS} 的值。例如，图 6.4 所示为摘录的 60 V Si 基MOSFET 数据表，其中，二极管反向恢复电荷 Q_{RR} 小于输出电容电荷 Q_{OSS}，这可能是在给出 Q_{RR} 值前减去了 Q_{OSS} 的值。

输出电容电荷	Q_{oss}	V_{DD}=30 V, V_{GS}=0 V	32	43	54	nC
反向二极管						
二极管连续正向电流	I_S	T_C=25℃	—	—	100	A
二极管脉冲电流	$I_{S.pulse}$		—	—	400	
二极管正向电压	V_{SD}	V_{GS}=0 V, I_F=50 A		0.9	1.2	V
反向恢复时间	t_{RR}	V_R=30 V, I_F=50 A, di_F/dt = 100 A/μs	14	35	56	ns
反向恢复电荷	Q_{RR}		14	29	58	nC

图 6.4　数据表摘录的输出电荷 Q_{OSS} 大于 Q_{RR}

众所周知，GaN 基 HEMT 器件的二极管反向恢复时间为 0[18-21]，因为这些器件没有需要恢复的内部 pn 结。然而，在第三象限中，这些器件的工作方式确实类似于二极管，因为一旦漏极电压低于栅极电压，沟道电流将反向传导[22]。在测试这些 GaN 基器件的二极管反向恢复电荷时会测量出非零电荷，非零电荷的电荷值与器件的 Q_{OSS} 相等[23]。图 6.5 给出了概念化的 GaN 基 FET 二极管恢复波形。需要注意的是峰值反向电流点位置的变化，这种硬开关损耗分量很重要，去除它可以增加电流变化率 di/dt 以进一步降低开关损耗，而且不必担心 Q_{RR} 的增加。由于 GaN 基器件消除了反向恢复损耗，其开关损耗显著减少，因此更深入地了解与输出电容相关的损耗十分必要。由于 C_{OSS} 与电压呈非线性关系，输出电容中存储的能量 E_{OSS} 与存储的电荷 Q_{OSS} 及其相关等效线性电容 C_{OSS}(er)和 C_{OSS}(tr)之间均存在差异，因此这些量的大小对开关损耗有直接影响[23-24]。

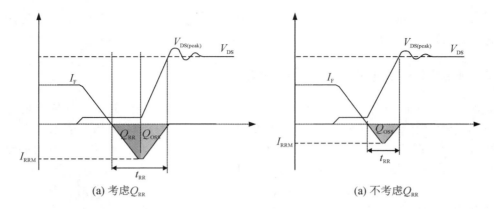

(a) 考虑Q_{RR} (a) 不考虑Q_{RR}

图 6.5   概念化的 FET 器件二极管反向恢复电荷测试波形（图中总的阴影面积为 Q_{RR} 测量值）

与其他 FOM 指标一样，GaN 基器件在软开关应用中也具有优势[7]。然而，需要注意的是，由于 GaN 基器件通常是平面结构，它们的输出电容不会像垂直型 Si 基器件那样随着漏极偏置的增加而不断减小（因为平面器件的金属总线电容要高得多），因此，即使整体性能优势突出，但 GaN 基器件的相对输出电容储能（E_{OSS}）优势也会随着器件额定电压的增加而减弱。图 6.6 所示为 100 V 平面 GaN 基和 Si 基垂直器件的归一化 E_{OSS} 和 Q_{OSS} 与漏极

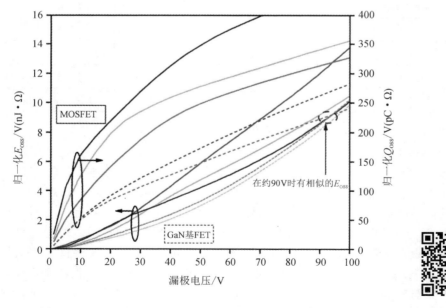

图 6.6   100 V 平面 GaN 基 FET（红色虚线）和 100 V 垂直 MOSFET（蓝色实线）之间的归一化 E_{OSS} 和 Q_{OSS} 对比曲线

电压的关系图，在 50 V 时，GaN 的 Q_{oss} 约为 Si 的一半，但这并不能转化为 E_{oss} 优势。实际上，当电压达到 90 V 时，GaN 的 E_{oss} 优势已经消失。图 6.7 比较的 600 V 器件显示了类似的结果。对于超结 MOSFET，低电压下的大输出电容在 Q_{oss} 中占主导地位，因此，GaN 基器件具有明显的优势（超过 5 倍）。然而，与 100 V 的情况一样，这并不能转化为 E_{oss} 优势。最新一代超结器件[25]在 450 V 以上甚至具有比 GaN 更低的 E_{oss}。

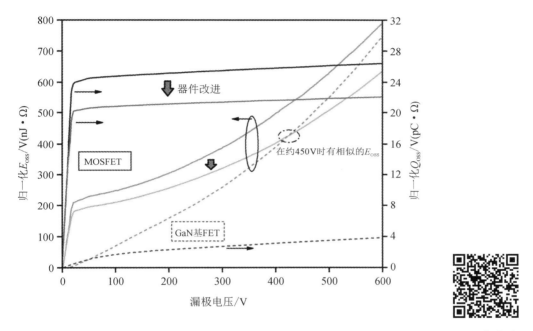

图 6.7　600 V 平面 GaN 基 FET（红色虚线）与最新的 600 V 垂直型超结 MOSFET（蓝色实线）之间的归一化 E_{oss} 和 Q_{oss} 对比曲线

6.1.4　特征导通电阻

　　器件的特征导通电阻 R_{sp} 是一个关键的性能参数，与器件成本直接相关。虽然特征导通电阻不是寄生参数，但在给定特征导通电阻的条件下，降低芯片尺寸将会直接影响器件的寄生参数以及其他热电因素，在本章末尾讨论未来趋势时会进一步讨论这个问题。

　　值得一提的是，改进特征导通电阻通常需要简化或改变器件几何结构，这反过来会减少器件寄生效应[26]。因此，任何降低器件 R_{sp} 的方式均可以提高器件性能。例如 Si 基 MOSFET[26]、超结器件[27]和目前的 GaN 基 FET 都是如此。图 6.2 中给出的 100 V 和 200 V

器件品质因数的改进主要是减小了目前芯片的尺寸[28]，但并非所有寄生参数的变化都直接与芯片尺寸的变化呈比例。

R_{SP} 的这种"迭代"改进表明已有的器件技术正在不断成熟，并从技术展示阶段逐渐变成强大、可靠的产品。这种情况的另一个例子是首款通过 AEC-Q101 认证的车规级 GaN 基 FET[29]，这是在第二代 GaN 基器件原始创新和后续产品扩展之后发布的。

6.2　GaN 封装寄生参数

GaN 基功率器件发展至今[8, 30]，封装级和板级寄生参数对 GaN 基 FET 的影响一直是研究的热点。这方面的研究借鉴了 Si 基 MOSFET 所积累的知识库，并还在不断发展中。有一种观点认为，如果没有那些"讨厌的封装"和"寄生参数的干扰"，GaN 基器件的开关速度会非常快[31]。相比之下，由于内部受限，下一代具有更高 FOM 值的 MOSFET 才可实现更好的系统性能[32]。但实际上，过去十年左右，功率器件外部受限一直存在于 Si 基器件中，主要集中在受寄生参数影响最大的低压领域[33]。然而，由于 GaN 基器件内部寄生参数得到了显著改善，因此，这些封装级和板级寄生参数的影响就显得更加重要。

6.2.1　MOSFET 封装演变

直到不久之前，Si 基功率 MOSFET 仍采用标准引线键合、引线封装，如 TO-220 和 SO-8[34-35]。随着不断发展，这些封装的缺点逐渐显露出来。这种低成本、低性能封装方法[36-37]存在的主要问题基本上可以分为三类，即封装电阻、封装电感和热阻，这三类问题的影响下至电路板，上至管壳。

MOSFET 器件封装的发展目标始终是通过改进封装以提高器件性能。图 6.8 给出了一些关键封装发展演变的横截面示意图。下节中将会对此进一步讨论。

1. 封装电阻

封装电阻主要来自源极和漏极。随着特征导通电阻的改善及芯片尺寸性能的提升，MOSFET 的导通电阻迅速降低，这使得标准 SO-8 封装的封装电阻值达到整个器件电阻的三分之一[34]，其中大部分是源极引线键合交流电阻[38]。消除该电阻的一种方法是 Copper clip/Copperstrap™（铜夹或铜带）互连技术[39]。还有一种更好的方法是从封装中完全移除源极连接，类似于 DirectFET®[40]或用于平面器件（如低压 Si 基 MOSFET[38]或 GaN 基器件[8]）的倒装芯片 BGA 方法。

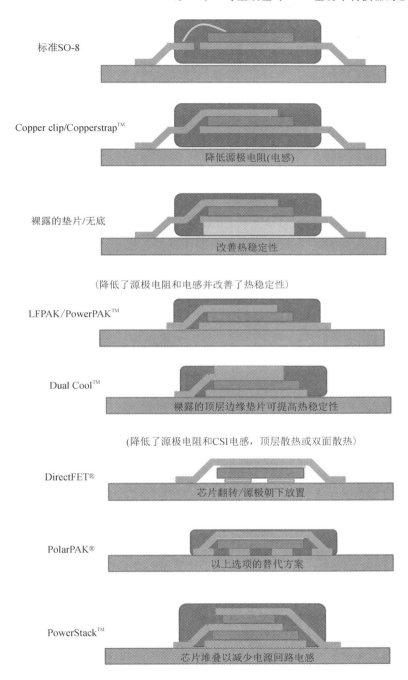

图 6.8　垂直型 MOSFET 封装演变

2. 封装电感

如图 6.9(a)所示，这里的封装电感可分解为三个独立的终端电感组件。栅极驱动电流路径和功率回路电流路径共用一个器件源极的封装电感。这种"共用的"源极电感(CSI)在 di/dt 期间对器件的开关性能具有显著影响[37, 41]，因为漏极电流的变化会引起一个与施加的栅极驱动电压相反的电压，从而降低器件开启或关闭的速度。使用铜夹可以降低 CSI 的影响，而 DirectFET® 封装以及类似于 BGA 结构的晶圆芯片级封装(WLCSP)几乎可以完全消除 CSI 的影响[8]。

在源极封装电感无法消除的情况下，另一种减少 CSI 影响的方法是添加一个单独的引脚和路径，以便形成栅极电流回路，如图 6.9(b)所示。这种引脚被称为"栅极回路"或"开尔文"源[42]，甚至在传统的"慢速"开关器件中(例如在 IGBT 中)，开尔文发射极也变得越来越普遍[43-44]。对于 GaN 基 FET，降低 CSI 的封装电感至关重要，因此在第一个分立器件上增加了开尔文源[45-46]。

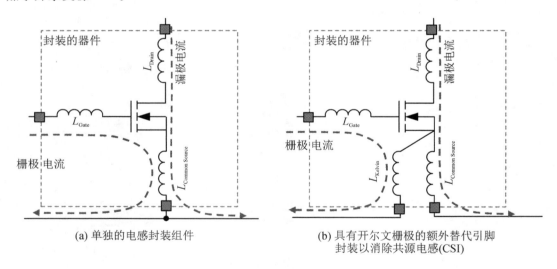

(a) 单独的电感封装组件　　(b) 具有开尔文栅极的额外替代引脚封装以消除共源电感(CSI)

图 6.9　封装的 MOSFET 等效电路

到目前为止，本章讨论中还未涉及共源共栅器件。在共源共栅这种特殊器件中，高压耗尽型 GaN 基器件(常开型器件)可以与低压 Si 基 MOSFET 级联，形成一种增强型高压等效开关[48]，如图 6.10 所示。为优化这类器件的封装，很重要的是确定其内部互连电感的影响，并找出降低这些影响的方法[49-50]。尽管可以尽量减少相关的内部互连电感，但共源共栅器件仍然受到 GaN 基器件自身栅极控制的限制。因此，这也促使耗尽型器件供应商使用直接栅极控制[17]，并且为了保证工作的安全性，只使用低压 Si 基器件。

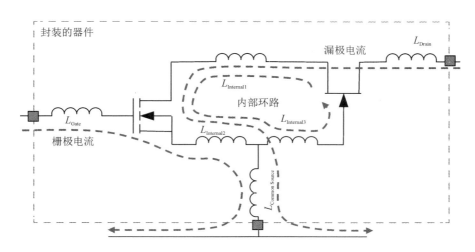

图 6.10　在寄生电感和晶体管之间有不同高频回路的共源共栅 GaN 基器件的封装等效电路

　　简而言之，在封装层面上，降低 CSI 是避免器件性能受限的关键。栅极和漏极电感（以及开尔文连接情况下的独立源极电感）这两种寄生电感仍然对系统性能具有重要影响。然而，这些组件往往会与类似的一系列板级元件结合在一起，这将在下一节的板级寄生效应中进行讨论。

3. 封装热阻

　　在 SO-8 封装中，管芯和引线框架被封装在塑料模具中，这会限制散热效果。后续封装的目标是首先在管芯和印刷电路板（PCB）之间创建直接热通道，例如无底 SO-8 和 PowerPAK 器件。为进一步提高器件热性能，对器件顶部的热通道进行了改进，从而可以进行顶部冷却，如 DirectFET[®] 和 Dual Cool[TM] 方法[47]。由于 GaN 基器件芯片比与其等效的 Si 基器件芯片小得多[8]，所以从一开始，这些散热问题就存在于 WLCSP GaN 基器件中。由于没有额外的封装，与其他 Si 基器件封装解决方案相比，WLCSP GaN 基器件尽管管芯尺寸减小，但仍然具有相同的或更好的散热性能[51]。对于需要使用封装来满足爬电距离和电器间隙要求的更高电压 GaN 基 FET，已采用顶部[52]或底部[46]冷却层压板封装。这些单独的封装方法使用户可以灵活地选择散热路径。由于 GaN 基器件通常是平面的，因此其并不适用于"双冷却"结构。GaN 基器件"向下"穿过芯片基板与"向上"穿过众多"玻璃"隔离层相比，具有不同的散热优势。

6.2.2　直接影响 GaN 基器件性能的板级寄生参数

1. 功率回路电感

　　除了封装级寄生参数之外，从器件性能角度来看，接下来最重要的寄生参数是总的功率回路电感[53]，如图 6.11 所示。可以看出，这不是一个单独的寄生元件，而是板级寄生互连电感、封装级漏极和源极电感、高频（HF）总线去耦电容（通常为陶瓷电容）及其相关寄生部分的总和。因此，在考虑封装级寄生效应时，降低非共有源极和漏极电感也有利于提升性能。这种提升会通过降低整体功率回路电感来间接实现。对于图 6.8 所示的 PowerStack™ 结构，半桥内的两个垂直 Si 基 MOSFET 都集成到了单个封装中[54]。尽管这显著降低了功率回路电感和共源电感，进而降低了开关损耗，但也增加了尺寸较小的原边器件的热阻。该原边器件目前位于尺寸较大的副边 MOSFET 顶部，尽管如此，改进其电学性能的优势仍远大于其热阻增加的劣势[54]，但这种权衡并不适用于所有此类堆叠芯片的情况。

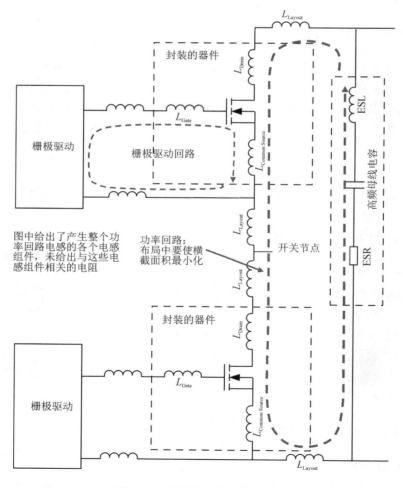

图 6.11　半桥电路的等效电路图

　　由于 GaN 基 FET 芯片的尺寸比 Si 基 FET 芯片更小，因此必须在不影响散热的情况下解决板级寄生效应问题。在低电压下，封装电感对器件性能的影响更为关键，WLCSP 的优势已通过降低封装电感和交叉漏源端相结合的方式体现了出来[55]。如图 6.12(a)所示，由于

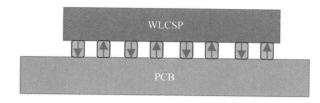

(a) 具有叉指型漏极和源极引脚的WLCSP降低了封装电感

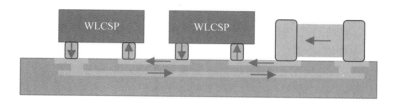

(b) 具有板级磁场消除功能的"最佳"功率回路[53]

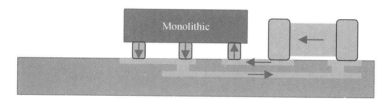

(c) 通过两个GaN功率器件的单片集成进一步减少寄生[56]

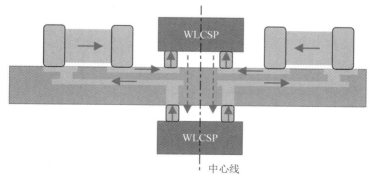

(d) 通过两个对称/镜像环路减少寄生[57]

图 6.12　器件和电路板的不同布局

振幅相等、电流方向相反的电流流过彼此非常接近的引脚，因此可以通过磁通抵消来降低相互交叉的源漏引脚电感[22]。对于高压器件，此类改进封装的实用性受到了高压引脚之间所需电压间隔的限制。然而，如图 6.12(b)所示，板级布局改进[53]仍然可以通过类似的磁通抵消方案来降低功率回路电感。在低电压下，可以将封装级和板级结合起来，以进一步降低功率回路电感。此外，将两个单片器件集成到一个 WLCSP 中也可进一步降低功率回路电感[56]，如图 6.12(c)所示。单片集成还可以通过减少热点来提高散热性能，可以开发具有低封装电感的高宽长比器件，但如果不采用单片集成的方法则无法实现[56]。

为避免转换速率呈比例地降低，当功率处理能力进一步提高时，电流变化率(di/dt)和寄生电感中存储的能量增加，功率回路电感的相对影响也随之增加。一种解决办法是将功率回路分成两个对称回路[57]，这样可以有效地将相关电感减半[58]，如图 6.12(d)所示。

然而，一旦功率级别增加到需要多个功率器件并联的程度，这就需要寻找替代方案。当两个器件并联时，要将一个单独的共栅极驱动连接到这两个并联的器件，这就不可避免地会额外引入和增加共源电感[59]，如图 6.13 所示。共源电感会降低开关性能，特别是对于快速开关 GaN 基器件，采用多相解决方案来实现更高的功率将更有优势[60]。然而，从理论上来讲，器件并联的同时可能不会显著增加共源电感和功率回路电感。在实际应用中，这通常可以通过如图 6.14 所示的并联器件的功率回路(而不是并联器件)来实现[61]，此方法的

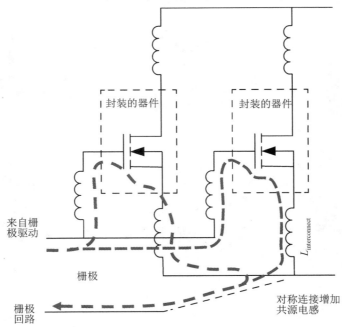

图 6.13　由同一栅极驱动器驱动的两个或多个器件并联时不可避免地产生共源电感

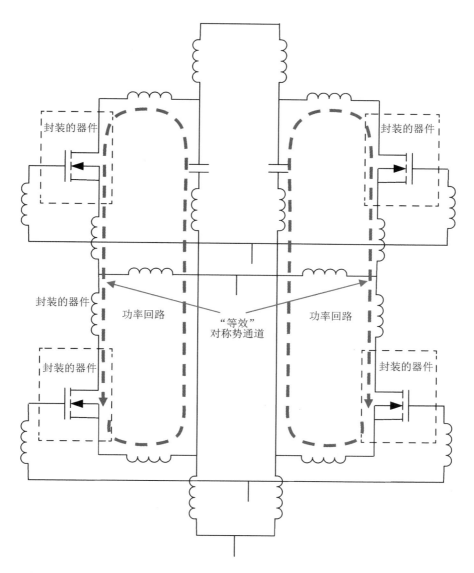

图 6.14　功率回路（非器件）并联的理论方法设计示意图（以避免由于高频互连阻抗导致开关性能下降）

关键是在并联的多个功率回路之间建立对称性。在这样的布局中，器件之间仍会不可避免地存在互连阻抗，但如果具有足够的器件匹配度和布局对称性，这些节点的动态电压将变得几乎相等。因此，虽然它们实际上相连，但在彼此之间的阻抗中流过的高频电流都可忽略不计。另一种方法是把被推到高频（开关边沿速率）换向路径之外的互连阻抗考虑进去（否则它们将构成功率回路和共源电感的一部分），这样仅流过与功率传输和开关频率有关的低频电流。这种方法甚至可与单片器件集成相结合，这样就无法使用镜像对称的方法，但仍可以创建相同的功率回路[62]。虽然无法实现功率回路之间互连阻抗的对称，但仍显著改进了性能，这表明设计匹配的高频功率回路至关重要，至少在这种情况下可以允许互连阻抗匹配具有一定的灵活性。

在更高的电压下，这些电感的相互影响将减弱，器件并联比功率回路并联取得的进展更多[63-64]。对于功率回路并联，目前的研究仍聚焦于减少所讨论的电感元件，并赋予其"极高"的优先级进行最小化布局[63]。而对于器件并联，当并联两个以上的器件时，设计与制作对称的栅极电路就显得非常困难[64]，针对这种情况提出了一种交错多相法。

2. 栅极回路电感和栅极回路电阻

研究栅极回路电感的重要性主要有以下几个原因：首先，栅极回路电感会直接影响开关性能，降低有效栅极驱动速率；其次，栅极回路电感与器件栅极电容一起形成谐振回路，这将会在器件栅极产生过电压（主要是基于 p-GaN 栅 GaN 基器件的问题[22]）；最后，栅极回路电感会导致器件误开关，例如本章开头讨论米勒电荷比时提到的情况。

栅极回路电感、共源电感以及栅极回路电阻的影响是相互关联的，其相互作用非常复杂[65]。这里将参考图 6.15 所示的栅极回路结构讨论更重要的方面。

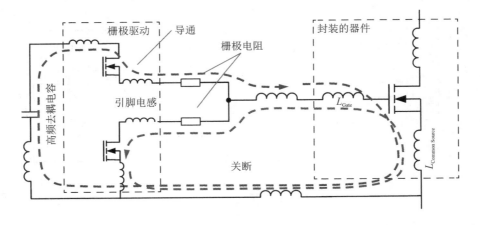

图 6.15　带有相关集总电路元件的栅极回路示意图

从图 6.15 中可以看出，开通和关断时栅极回路电感值的差异较大，开通回路需要一个额外的流经电源的高频去耦电容。文献[19]中对这些回路及其各自电阻值的需求进行了全面讨论，在这些回路中增加栅极电阻是为了在谐振频率下接近临界阻尼。与频率相关的电阻（趋肤效应和邻近效应）主要由封装电阻和板级互连电阻组成，它们实现了大部分阻尼，但根据实际电感和电容值，通常需要一些额外的电阻来匹配设计。由于关断回路电感较小且也只能承受较小的电阻[19]，因此所需的附加电阻必须小于开通回路所需的电阻。这种布局最好的实现方式是将栅极驱动输出路径分离为两个单独的上拉和下拉引脚[66]，这将使得关断栅极回路电感最小化，从而最大化地提高栅极驱动下拉的有效性，抑制与米勒电荷相关的 dv/dt 引起的导通，如本章前文所述。

值得注意的是，虽然栅极回路电感与共源电感同样需要最小化，但在没有最小化共源电感的前提下最小化栅极回路电感会导致系统不稳定甚至器件失效，如图 6.16 所示的电路。在这种情况下，器件开启时，大的 CSI 在栅极驱动回路内会产生阶跃变化的电压。该负电压最初出现在小栅极回路电感上，并开始降低（然后反转）栅极驱动电流。一旦栅极电流反向，栅极就开始放电，同时器件的源极电流降低。此时，CSI 两端的电压会改变极性并产生相反方向的阶跃变化。根据该回路的阻尼系数，这种振荡可以是恒定的、增加的或减弱的。振荡的增加会导致器件失效，而欠阻尼的振荡会增加开关损耗并导致不必要的开关行为。这种情况下通过增加栅极回路电感，栅极驱动电流将缓慢下降，正向 di/dt 降低，从而在实现栅极电流反转之前降低阶跃电压。换言之，栅极回路电感和栅极电容形成了一个低通滤波器并限制了 CSI 电压阶跃对栅极电压的影响。器件关断时也存在相同的机制。

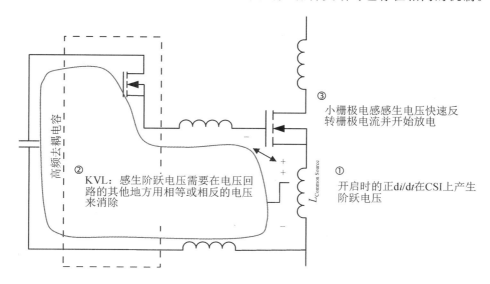

图 6.16　器件导通期间小栅极环路电感与大共源电感相互作用的示意图

在文献[67]中已表明，对于同步整流器件，当体二极管转换方向时，因为它会在器件栅极上感应出额外的负电压以提高米勒电荷比，所以，最初的感生阶跃电压实际上对器件有益。但与上述情况一样，该阶跃电压会导致栅极回路中出现欠阻尼振荡，进而导致栅极出现正的电压振铃。如果该正的电压振铃超过器件的阈值电压，则会引起器件意外开启[19]。由于趋肤效应和邻近效应随着频率的增加而增加，因此仅通过几何布局就有可能实现足够的栅极回路阻尼。然而，消除 CSI 仍然是首选。

6.3 影响工作性能的外部元件及寄生参数

到目前为止，本章的重点一直是可以直接决定开关行为的板级寄生效应，因为它们涉及栅极驱动或器件漏极电流。然而，如果我们将研究范围进一步扩展，还有其他系统级寄生参数会对系统性能（降低效率）或系统工作（导致误动作或失效）产生影响。

6.3.1 与开关节点相关的寄生电容

如图 6.17 所示，在考虑更复杂的系统时，有许多寄生电容会影响开关节点的有效电容。从高压下的效率角度来看，最重要的是连接开关节点的磁性元件的等效并联电容[68]。该电容表现为与关断状态下器件并联的附加电容 C_{oss}。这不仅会增加与 Q_{oss} 相关的损耗，还会增加与 dv/dt 相关的功率回路电流，从而导致更高的峰值转换电流和更高的电压过冲[68]。

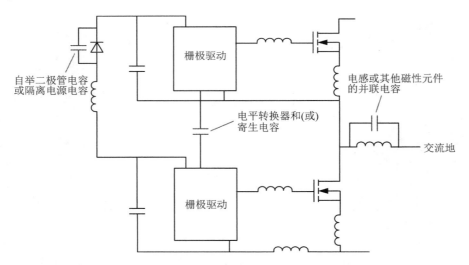

图 6.17 影响有效开关节点电容的部分潜在系统级寄生电容的示意图

其他可能产生显著影响的电容包括自举电源电容[69]和隔离电源电容[70-71]以及与逻辑信号隔离或电平转换[69]相关的电容。然而，当这些电容不直接连接到功率器件开关节点，而是其中夹杂一些中间布局和寄生电感时才会产生额外的影响。因此，这个附加的寄生电感会在脉冲的容性电流影响下产生脉冲电压，而该容性电流又由开关节点 dv/dt 产生，如图 6.18 所示。根据这些寄生电感上的容性电流路径，这些感应电压本身就会影响系统运行。该环节可能变得相当复杂，最好通过最小化开关节点和所述寄生电容之间的互连电感进行管理。

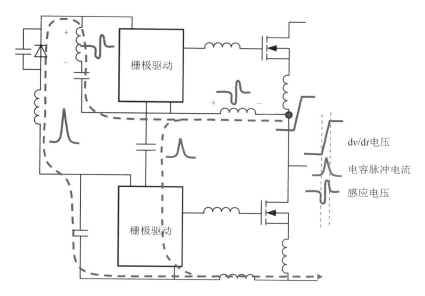

dv/dt电压

电容脉冲电流

感应电压

图 6.18　高 dv/dt 时电容电流产生的感应电压示意图

6.3.2　自举电源的工作机制和寄生参数

GaN 基器件与自举二极管结合使用会给系统带来新的问题。首先，由于 GaN 基器件具有很高的开关速度，因此，Si 基自举二极管的反向恢复特性将会变得更加重要[69]。在这种情况下，可以在低电压下使用 Si 基肖特基二极管，而在更高的电压条件下使用 SiC 基肖特基二极管来满足需求。截至本书编写时，还没有这种小信号 SiC 基二极管应用的实例，因此使用较大规格的 SiC 基功率二极管将产生显著的电容电流和前述的损耗。尽管如此，这可能仍然比使用具有相关 Q_{RR} 损耗的高压 Si 基 PIN 二极管更具优势。

在使用增强型 GaN 基器件的自举电源中，栅极驱动的电压裕量是有限的，目前有许多问题[72]以及对应的解决方案[66, 73]去维持所调节的高侧电压。另外也可以通过添加额外的调节级[74]以避免这些问题，但这会增加解决方案的成本和复杂性。

6.4　GaN 集成和寄生效应对 FOM 提升的影响

无论是封装级还是板级，用单片集成器件来使寄生电感最小化似乎顺理成章地成为开发 GaN 技术的下一步工作。由于 GaN 基 HEMT 是平面器件，因此它们具有与 Si 基平面器件类似的高级别电路集成潜力。对单片集成 GaN 基器件的研究可以追溯到 2008 年[75]。具有更高集成度的 Si 基 GaN 器件的报道可追溯到 2014 年，其中报道了集成栅极驱动器和半桥功率器件[76]。其他商业化的例子包括已经提到的单片半桥集成电路[56]、带自举二极管的单片半桥电路[77]、驱动器和功率器件集成[78]，以及最近一些带有两个栅极驱动器、电平转换器和自举电路且将其进行多芯片封装后集成的(尽管集成仍然分布在多个芯片上)完整的半桥电路[74]。这些不同等级的集成如图 6.19 所示。

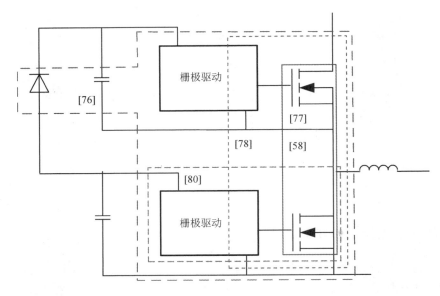

图 6.19　不同等级的 GaN 集成的半桥结构

为了了解所需的集成等级并预测该集成等级随时间的演进，通常以材料极限为基准来考虑改进 GaN 基器件所带来的影响[79]，目前特征导通电阻方面仍然存在 1000 倍以上的改进空间[19]。要理解这些可能的影响，需要考虑现有技术中的代表性器件，如图 6.20 所示。该器件的特征导通电阻为 R_{on}、栅极宽度为 W、器件长度为 L、特征方块电阻为 R_{sheet}，该基准器件的关键参数包括导通电阻 $R_{DS}(on)$ 和等效电荷值 Q_{GS}、Q_{GD} 和 Q_{OSS}。现在假设通过改进器件技术，器件长度变为原来的 1/3，如图 6.21 所示。对于相同的栅极宽度，由于器件长度变为原来的 1/3，因此器件尺寸变为原来的 1/3。与以上尺寸变化相呼应，其方块电阻也必须减少为原来的 1/3。此外，由于器件体积只有原来的 1/3，因此，所有与电荷相关的量也有所减少，接近原器件的 1/3。为了使用该技术来重新设计基准器件电阻，所得器件电荷量应为原来的 1/27，实际上介于 1/9 到 1/27 之间(器件减小会使得电容降低，但减小的几何间距也会增加电容，而它们之间的相互作用将取决于几何形状和技术改进)。通过这种简化的方法，可以粗略估计器件的相对改进情况。可以说，对器件长度（与峰值电场强度相关）进行三倍改进将使得特征导通电阻以三次方（27＝3^3）改进以及器件电容和器件品质因数超过二次方（大约在 9 到 27 倍之间）改进。在实际情况中，金属总线、接触电阻及其他非理想情况的影响将导致器件的有效体积大于预估的 1/27 缩减值，趋势十分明显。

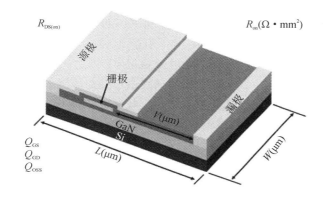

图 6.20　当前技术水平下平面器件的示意图

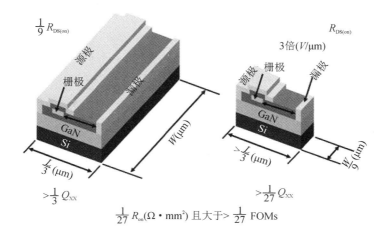

图 6.21　器件技术改进的影响（针对材料物理极限）

器件对应特定应用时都会有一个最佳导通电阻，与基准相比[80]，器件 FOM 的任何改进都将使最佳导通电阻降低，这是因为与频率相关的损耗改进可以降低传导损耗。在上述情况下，等效最优器件的导通电阻可能为原来的 $\frac{1}{3} \sim \frac{1}{5}$，且等效器件的电荷值同样为原来的 $\frac{1}{3} \sim \frac{1}{5}$。

基于这些假设，GaN 技术的日趋成熟会产生如下影响：

（1）任何特定设计的标称导通电阻都会越来越低，使得非有源区（金属总线、封装、焊接凸点等）电阻的影响更加显著。

（2）器件寄生电容同样会降低，使得封装和外部寄生电容的影响更加显著。

（3）器件 FOM 的提高需要相应地减少与频率相关的损耗，包括硬开关（交叠）损耗。改进 FOM 需要等效地提高开关速度，从而在开关间隔期间相应地增加 di/dt 和 dv/dt，使共源电感、功率回路电感和栅极回路电感的影响呈比例地提高。FOM 的任何改进都需要寄生电感的等效改进，以保持其对开关行为的相对影响相同。因此，不管是现在还是未来，研究人员都将继续努力减少电感寄生组分，这或许只能通过更高等级的集成技术来实现。

（4）更高的 dv/dt 还意味着相关栅极驱动器、电平转换器和隔离电源需要更高的共模瞬变抗扰度（CMTI）能力。一些隔离式栅极驱动器已经在朝这个方向发展[81]。

（5）芯片尺寸的减小速度将比传导和开关损耗的等效减小速度快得多，甚至向较低导通电阻转变的最优器件也是如此。这意味着虽然总的损耗会降低，但损耗能量密度会增加，同时需要进一步改进热传导和散热。这将需要更多的三维封装和系统布局设计以保持电气和热路径相互正交，从而最大限度地减少交叉耦合影响。

（6）更高的 di/dt 和 dv/dt 也意味着会在更宽的频谱范围内产生电磁干扰。随着寄生电感要求的降低，振铃频率也将向上移动到辐射频谱中。滤波和控制将变得更加注重屏蔽，组件位于屏蔽的内部或与 GaN 基器件集成，要求内部器件和电路具有更高的抵抗电磁干扰的能力。

（7）开关速率的增加并不一定意味着开关频率的增加，因为这更多地取决于磁性材料的发展[82]。

如果要发掘 GaN 技术的潜力，这些都有可能成为重要的研究领域。

6.5　结论

本章讨论了与 GaN 基器件相关的各种级别的寄生组分。在最基本的层面上，这些器件的非理想特性（与器件电容相关）被视为寄生特性。除了 GaN 基器件本身，在封装层面还增加了额外的寄生电阻和电感，而封装布局和引线会影响板级布局，进而额外增加了系统的寄生参数。上述这些寄生参数都对器件性能和系统效率有直接影响，其影响大多数已被研究。

当尝试并联多个器件时，会产生额外的寄生组分，且在尝试将寄生组分的影响最小化时，选择非常有限。目前，器件之间的相互作用仍然不清晰，这就提供了一个潜在的研究领域。在考虑这些寄生参数的次要影响时，情况同样如此。在考虑主要影响时，电容寄生元件中的感应电流和感应元件两端的感应电压相对简单，但感应电流的路径覆盖了其他感性元件，其感性电压反过来会产生额外的电流，因此要了解它们的影响就会相对复杂。目前，GaN 基器件的性能正逐渐接近其材料极限，这些次要影响将会变得越来越重要，因为与主要影响相关的寄生元件的影响通过集成将被减少或消除。

参 考 文 献

[1]　KEYES R W. Figure of merit for semiconductors for high-speed switches[J]. Proceedings of the IEEE，1972，60(2)：225-225.

[2]　BALIGA B J. Semiconductors for high-voltage, vertical channel field-effect transistors[J]. Journal of Applied Physics，1982，53(3)：1759-1764.

[3]　BALIGA B J. Power semiconductor device figure of merit for high-frequency applications[J]. IEEE Electron Device Letters，1989，10(10)：455-457.

[4]　KIM I J，MATSUMOTO S，SAKAI T，et al. New power device figure of merit for high-frequency applications[C]//Proceedings of International Symposium on Power Semiconductor Devices and IC's：ISPSD'95. IEEE，1995：309-314.

[5]　HUANG A Q. New unipolar switching power device figures of merit[J]. IEEE Electron Device Letters，2004，25(5)：298-301.

[6]　YING Y. Device selection criteria-based on loss modeling and figure of merit[D]. Virginia Tech，2008.

[7]　REUSCH D，STRYDOM J. Evaluation of gallium nitride transistors in high frequency resonant and soft-switching DC-DC converters[C]// 2014 IEEE applied power electronics conference and exposition-APEC 2014：464-470.

[8]　STRYDOM J. EGaN-silicon power shoot-out：Comparing figure of merit (FOM)[J]. Power Electronics Technology，2010：23-30. http：//powerelectronics. com/discrete-power-semis/egantm-silicon-power-shoot-out-part-1-comparing-figure-merit-fom.

[9]　HUANG A. Hard commutation of power MOSFET-application Note AN 2014-03[J]. Infineon Technologies，2014.

[10]　BROWN J. Power MOSFET basics：understanding gate charge and using it to assess switching performance[J]. Vishay Siliconix，AN608，2004，153.

[11]　Semiconductor ON. MOSFET gate-charge origin and its applications[J]. AND9083，2012.

[12]　WU T. Cdv/dt induced turn-on in synchronous buck regulators[J]. International Rectifier website (www. irf. com)，2007.

[13]　ZHAO Q，STOJCIC G. Characterization of Cdv/dt induced power loss in synchronous buck dc-dc converters[J]. IEEE Transactions on Power Electronics，2007，22(4)：1508-1513.

[14]　ELBANHAWY A. Cross conduction in modern power MOSFETs[J]. Application Demonstration. Maplesoft Inc，2008：1-10. http：// www. maplesoft. com/applications/view. aspx? SID=5698.

［15］ ELBANHAWY A. Parasitic gate resistance and switching performance［C］//2006 CES/IEEE 5th International Power Electronics and Motion Control Conference. IEEE, 2006, 3: 1-4.

［16］ Electronics Weekly, Advanced Power Technologies, News release, March 2001, http://www. electronicsweekly. com/news/archived/resources-archived/apt-takes-power-mosfets-intonext-generation-through-metal-2001-03/.

［17］ Efficient Power Conversion Corporation, EPC2001C-enhancement mode power transistor, datasheet.

［18］ Instruments T. LMG3410: 600-V 12-A Single Channel GaN Power Stage［J］. Texas Instruments, 2016.

［19］ LIDOW A, DE ROOIJ M, STRYDOM J, et al. GaN transistors for efficient power conversion［M］. New York: John Wiley & Sons, 2014.

［20］ FARACI E. Enabling industrial and automotive Multimegahertz buck converters with GaN［J］. Power Electronics Magazine, 2015, http:// powerelectronics. com/gan-transistors/enabling-industrial-and-automotive-multimegahertz-buck-converters-gan.

［21］ GanSystems, Technology description, http://www. gansystems. com/technology. php.

［22］ LIDOW A, STRYDOM J T, DE ROOIJ M, et al. GaN transistors for efficient power conversion［M］. Power Conversion Publications, 2011.

［23］ DI MASO P, LU L. GaN E-HEMTs enable innovation in power switching applications［C］. //2017 IEEE applied power electronics conference and exposition-APEC, 2017.

［24］ GLASER J, REUSCH D. Deadtime losses in eGaN® fets and Silicon MOSFETs-how freedom from reverse recovery can cut your losses［C］. Industry Presentations, IS13// 2017 IEEE applied power electronics conference and exposition-APEC, 2017.

［25］ STUECKLER F. Leadless MOSFET power package achieves near-GaN switching losses［J］. Power Electronics Magazine, 2017. http:// www. powerelectronics. com/discretepower-semis/leadless-mosfet-power-package-achieves-near-gan-switching-losses.

［26］ WILLIAMS R K, DARWISH M N, BLANCHARD R A, et al. The trench power MOSFET: Part I—History, technology and prospects［J］. IEEE Transactions on Electron Devices, 2017, 64(3): 674-691.

［27］ HANCOCK J, STUECKLER F, VECINO E. CoolMOS™ C7: Mastering the art of quickness［J］. A technology description and design guide, Application Note AN2013-04, rev, 2013, 1.

［28］ LIDOW A. Generation 5 eGaN® technology: a Quantum leap into a new universe of performance［J］. Application Note AN022, Efficient Power Conversion Corporation, 2017, 150.

［29］ FLAHERTY N. Transphorm launches first automotive qualified GaN FETs［J］. eeNews, Power Management, News release, 28 March 2017. http:// www. eenewspower. com/news/transphorm-launches-first-automotive-qualified-gan-fets.

［30］ GanSystems, GaNPX® packaging technology description, http:// www. gansystems. com/ganpx_packaging_new. php.

［31］ SANDLER S. How to measure the world's fastest power switch［J］. Electronic Design Magazine, November, 2014, 13. http:// www. edn. com/design/test-and-measurement/4437360/2/Howtomeasure-the-world-s-fastest-power-switch.

[32] Infineon Technologies，Infineon Started World's First Volume Production of Next Generation Automotive Power MOSFETs on 300-Millimeter Thin-Wafer Technology market news，http：//www. infineon. com/cms/en/about-infineon/press/market-news/2015/INFATV 201505-059. html.

[33] XIAO Y, SHAH H, CHOW T P, et al. Analytical modeling and experimental evaluation of interconnect parasitic inductance on MOSFET switching characteristics[C]//Nineteenth Annual IEEE Applied Power Electronics Conference and Exposition，2004. APEC'04. IEEE，2004，1：516-521.

[34] MUSUMECI S, PAGANO R, RACITI A, et al. New packaging concepts and physics-based simulation approach for low-voltage power MOSFETs lead to performance improvement in advanced DC-DC converters [C]//2004 IEEE 35th Annual Power Electronics Specialists Conference（IEEE Cat. No. 04CH37551）. IEEE，2004，2：1531-1537. http：//www. st. com/content/ccc/resource/technical/document/application_note/f7/c6/db/ef/bc/9b/49/d2/CD00045978. pdf/files/CD00045978. pdf/jcr：content/translations/en. CD00045978. pdf.

[35] LEE J. Package parasitics influence efficiency[J]. Power Electronics Technology Magazine，November 2005，http：//www. powerelectronics. com/passive-components/package-parasiticsinfluence-efficiency.

[36] PAVIER M, SAWLE A, WOODWORTH A, et al. High frequency DC：DC power conversion：The influence of package parasitics[C]//Eighteenth Annual IEEE Applied Power Electronics Conference and Exposition，2003. APEC'03. IEEE，2003，2：699-704.

[37] ELBANHAWY A. Are traditional MOSFET packages suitable for the new generation of DC-DC converters[C]//The 4th International Power Electronics and Motion Control Conference，2004. IPEMC 2004. IEEE，2004，1：316-319.

[38] ELBANHAWY A, NEWBERRY W. Influence of skin effect on MOSFET losses[C]//IECON 2006-32nd Annual Conference on IEEE Industrial Electronics. IEEE，2006：2313-2317.

[39] SMITH C, SEGUNDO E. New MOSFET technology cuts thermal resistance, improves efficiency [J]. PCIM-VENTURA CA-，1999，25：38-43.

[40] SAWLE A, STANDING M, SAMMON T, et al. DirectFET：a proprietary new source mounted power package for board mounted power[C]//Conférence PCIM. 2001.

[41] MONTEIRO R, BLAKE C, Chiu-El Segundo J. Understanding the effect of power MOSFET package parasitics on VRM circuit efficiency at frequencies above 1 MHz[C]//Proc. PCIM Eur. 2003：279-284.

[42] STUECKLER F, VECINO E A. CoolMOS TM C7 650 V switch in a Kelvin source configuration [J]. Application Note AN 2013-05，Infineon Technologies，2013.

[43] SCARPA V, BRUCCHI F. Kelvin emitter configuration further improves switching performance of TRENCHSTOP™ 5 IGBTs[J]. Bodo's Power，Infineon Technologies AG，2014：34-35.

[44] CRISAFULLI V. A new package with kelvin source connection for increasing power density in power electronics design [C]//2015 17th European Conference on Power Electronics and Applications（EPE'15 ECCE-Europe）. IEEE，2015：1-8.

[45] Efficient Power Conversion，EPC1001-Enhancement-mode power transistor，data sheet，March 2011.

[46] GaN Systems，GS66508P，Bottom-side cooled 650 V E-mode GaN transistor，Preliminary datasheet，March 2017.

[47] Fairchild Semiconductor（Now On-Semiconductor），Dual CoolTM Package PowerTrench® MOSFETs，Product Brief，PB4000-009，2015.

[48] RECHT F，HUANG Z，WU Y. Characteristics of transphorm GaN power switches[J]. Transphorm，Inc，Application Note AN-0002.

[49] LEE F C，ZHANG W，HUANG X，et al. A new package of high-voltage cascode gallium nitride device for high-frequency applications[C]//2015 IEEE International Workshop on Integrated Power Packaging（IWIPP）. IEEE，2015：9-15.

[50] LIU Z，HUANG X，LEE F C，et al. Package parasitic inductance extraction and simulation model development for the high-voltage cascode GaN HEMT[J]. IEEE Transactions on Power Electronics，2013，29(4)：1977-1985.

[51] REUSCH D，STRYDOM J，LIDOW A. Thermal evaluation of chip-scale packaged gallium nitride transistors[C]//2016 IEEE applied power electronics conference and exposition（APEC），Long Beach，2016：587-594.

[52] GaN Systems，GS66516T，Bottom-side cooled 650 V E-mode GaN transistor，Preliminary datasheet，March 2017.

[53] REUSCH D，STRYDOM J. Understanding the effect of PCB layout on circuit performance in a high-frequency gallium-nitride-based point of load converter[C]//2013 Twenty-eighth annual IEEE applied power electronics conference and exposition（APEC），Long Beach，2013：649-655.

[54] ROMIG M，LOPEZ O. 3D packaging advancements drive performance，power and density in power devices. Texas Instruments white paper，ti. com，2011.

[55] STRYDOM J. The eGaN FET-silicon power shoot-out：2：Drivers，layout. Power Electronics Technology，Jan，2011. http：// www. powerelectronics. com/discrete-power-semis/egan-fet-siliconpower-shoot-out-2-drivers-layout.

[56] REUSCH D，STRYDOM J，LIDOW A. Monolithic integration of GaN transistors for higher efficiency and power density in DC-DC converters[C]//Proceedings of PCIM Europe 2015：International Exhibition and Conference for Power Electronics，Intelligent Motion，Renewable Energy and Energy Management. VDE，2015：986-993.

[57] WANG K，WANG L，YANG X，et al. A multiloop method for minimization of parasitic inductance in GaN-based high-frequency DC-DC converter[J]. IEEE Transactions on Power Electronics，2016，32(6)：4728-4740.

[58] KRAUSSE G J. DE-Series fast power MOSFET，an introduction[J]. Directed Energy，Inc. ，Fort Collins，Colorado，Tech Note，2000：9300-002.

[59] FORSYTHE J B. Paralleling of power MOSFETs for higher power output. International Rectifier Application Note.

[60] BABA D. Benefits of a multiphase buck converter. Texas Instruments Incorporated，2012. http://

www. ti. com/lit/an/slyt449/slyt449. pdf.

[61]　REUSCH D, STRYDOM J. Effectively paralleling gallium nitride transistors for high current and high frequency applications[C]//2015 IEEE Applied Power Electronics Conference and Exposition (APEC). IEEE, 2015: 745-751.

[62]　REUSCH D, STRYDOM J, GLASER J. Improving high frequency DC-DC converter performance with monolithic half bridge GaN ICs[C]//2015 IEEE Energy Conversion Congress and Exposition (ECCE). IEEE, 2015: 381-387.

[63]　LU J, BAI H, BROWN A, et al. Design consideration of gate driver circuits and PCB parasitic parameters of paralleled E-mode GaN HEMTs inzero-voltage-switching applications[C]//2016 IEEE Applied Power Electronics Conference and Exposition (APEC). IEEE, 2016: 529-535.

[64]　WANG Z, WU Y, HONEA J, et al. Paralleling GaN HEMTs for diode-free bridge power converters [C]//2015 IEEE Applied Power Electronics Conference and Exposition (APEC). IEEE, 2015: 752-758.

[65]　ELBANHAWY A. Limiting cross-conduction current in synchronous buck converter designs. Fairchild Semiconductor, San Jose, CA, USA, Application Note AN-7019, 2005.

[66]　Texas Instruments, LM5113, 100 V 1. 2-A / 5-A, Half-bridge gate driver for enhancement mode GaN FETs, datasheet, June 2011.

[67]　YANG B, ZHANG J. Effect and utilization of common source inductance in synchronous rectification [C]//Twentieth Annual IEEE Applied Power Electronics Conference and Exposition, 2005. APEC 2005. IEEE, 2005, 3: 1407-1411.

[68]　GALANOS N, POPOVIC J, FERREIRA J A, et al. Influence of the magnetic's parasitic capacitance in the switching of high-voltage cascode GaN HEMT[C]//CIPS 2016; 9th International Conference on Integrated Power Electronics Systems. VDE, 2016: 1-6.

[69]　STRYDOM J, REUSCH D. Design and evaluation of a 10 MHz gallium nitride based 42 V DC-DC converter[C]//2014 IEEE Applied Power Electronics Conference and Exposition-APEC 2014. IEEE, 2014: 1510-1516.

[70]　ZHANG W, HUANG X, LEE F C, et al. Gate drive design considerations for high voltage cascode GaN HEMT[C]//2014 IEEE Applied Power Electronics Conference and Exposition-APEC 2014. IEEE, 2014: 1484-1489.

[71]　NGUYEN V S, LEFRANC P, CREBIER J C. Gate driver architectures for high speed power devices in series connection[C]//PCIM Europe 2017; International Exhibition and Conference for Power Electronics, Intelligent Motion, Renewable Energy and Energy Management. VDE, 2017: 1-8.

[72]　ROSCHATT P M, PICKERING S, MCMAHON R A. Bootstrap voltage and dead time behavior in GaN DC-DC buck converter with a negative gate voltage [J]. IEEE Transactions on Power Electronics, 2015, 31(10): 7161-7170.

[73]　REUSCH D, DE ROOIJ M. Evaluation of gate drive overvoltage management methods for enhancement mode gallium nitride transistors[C]//2017 IEEE Applied Power Electronics Conference and Exposition (APEC). IEEE, 2017: 2459-2466.

[74] XUE L, ZHANG J. Active clamp flyback using GaN power IC for power adapter applications[C]// 2017 IEEE Applied Power Electronics Conference and Exposition (APEC). IEEE, 2017: 2441-2448.

[75] CHEN W, WONG K Y, CHEN K J. Monolithic integration of lateral field-effect rectifier with normally-off HEMT for GaN-on-Si switch-mode power supply converters [C]//2008 IEEE International Electron Devices Meeting. IEEE, 2008: 141-144.

[76] UJITA S, KINOSHITA Y, UMEDA H, et al. A compact GaN-based DC-DC converter IC with high-speed gate drivers enabling high efficiencies[C]//2014 IEEE 26th International Symposium on Power Semiconductor Devices & IC's (ISPSD). IEEE, 2014: 51-54.

[77] Efficient Power Conversion Corporation, EPC2107-Enhancement-Mode GaN Power Transistor Half-Bridge with Integrated Synchronous Bootstrap, Revised datasheet, July 2017.

[78] KINZER D. Unlocking the power of GaN[C]// IEEE Applied Power Electronics Conference and Exposition (APEC). IEEE, 206.

[79] PATTANAYAK D, KINZER D, LIDOW A, et al. Power electronics: beyond the silicon limit[C]. Annual symposium, Santa Clara Valley-San Francisco Chapter of Electron Devices Society, Sept 6, 2013.

[80] STRYDOM J. eGaN® FET-Silicon Power Shoot-Out Volume 11: Optimizing FET On-Resistance. Power Electronics Technology, Oct, 2012. http: // www. powerelectronics. com/discrete-power-semis/egan-fet-silicon-power-shoot-out-volume-11-optimizing-fet-resistance.

[81] Silicon Labs, Si827x, 4 Amp ISOdriver with High Transient (dV/dt) Immunity, Datasheet, Preliminary Rev. 0. 5.

[82] HANSON A J, BELK J A, LIM S, et al. Measurements and performance factor comparisons of magnetic materials at high frequency[J]. IEEE Transactions on Power Electronics, 2016, 31(11): 7909-7925.

第 7 章

GaN 基 AC/DC 功率转换器

Fred Wang，Bo Liu

GaN 基器件具有低功耗和高开关频率的特性，这些特性为功率转换器带来了更大的优势。对于功率转换器而言，GaN 基器件可以替代 Si 基器件，充当转换器的开关元件，从而提高了转换器的效率和功率密度，同时简化了转换器的拓扑结构，降低了成本并提高了可靠性。而对于整个系统来说，GaN 基器件的高开关速度能实现更好的动态特性。此外，使用 GaN 基器件还可以拓展很多新的应用领域。本章将介绍在单相和三相交流/直流（AC/DC）转换器中使用 GaN 基器件的优势，并讨论在转换器中使用 GaN 基器件面临的潜在挑战以及相关的解决方案。

7.1　GaN 基单相 AC/DC 转换器

7.1.1　器件直接替代和拓扑简化

GaN 基器件具有低导通电阻、低输入输出电容和低栅极电荷等优势。增强型 GaN 基器件不会面临 Si 基器件中反并联二极管的反向恢复问题；此外，对于共源共栅（Cascode）GaN 基器件，它只串联了低压 Si 基 MOSFET，从而反向恢复效应较弱。因此，使用 GaN 基器件作为转换器的开关器件可以避免关断时产生的反向恢复损耗和相关寄生参数引起的振荡。与 Si 功率转换器相比，GaN 基功率转换器可实现更低的导通损耗和开关损耗[1]。

在单相 AC/DC 转换器中，用 GaN 基器件替换 Si 基器件可以降低功率损耗，提高功率密度，同时减小散热器体积。图 7.1 和图 7.2 是为谷歌小盒子挑战赛而设计的转换器的电路拓扑以及实验样机，该全桥 2 kW 单相光伏（PV）逆变器的开关频率为 100 kHz，使用 650 V GaN 基器件作为其开关器件，实现了 97.6% 的峰值效率和 102 W/in³ 的功率密度[2]，充分说明了 GaN 基器件在转换器中的优势。

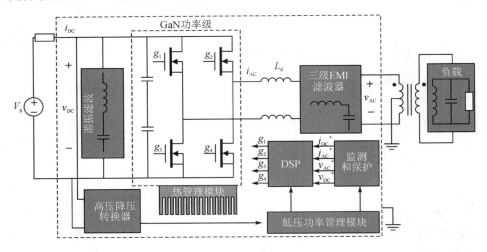

图 7.1　GaN 基 2 kW 单相逆变器的原理图

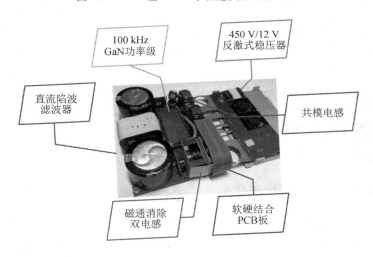

图 7.2　GaN 基台式 2 kW 单相逆变器样机

　　受限于 Si 基 MOSFET 的性能，一些简单而成熟的转换器拓扑结构逐渐被淘汰，而 GaN 基器件出色的性能可以使这些拓扑结构再次焕发生机。其中一个典型的例子就是图 7.3 所示的图腾柱无桥功率因数校正（PFC）转换器结构。这种拓扑结构是众多升压型整流器中最简单的拓扑结构，只包含两个整流二极管（或两个 MOSFET）、两个有源开关和一个交流升压电感。然而，由于 Si 基 MOSFET 存在导通开关损耗高、反向恢复尖峰以及反并联体二极管的振荡等问题，故这种拓扑结构在硬开关连续电流模式(CCM)中很少被使用[3]，主要用于软开关工作模式，可以通过零电压开通(ZVS)来缓解上述问题。然而，这种模式下的大电流纹波会导致导通损耗和关断损耗大大增加，限制了其在低频和低功率领域的应用。

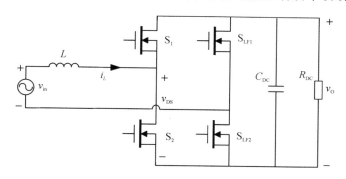

图 7.3　图腾柱无桥 PFC 转换器结构图

使用 GaN 基器件替换 Si 基器件可以明显降低器件的结电容，并实现零反向恢复电荷(在使用 Cascode 结构的增强型 GaN 基器件时实现少量的反向恢复电荷)，并且 GaN 基器件还具有高速开关的特性，可以有效降低转换器的开关损耗和电压/电流应力，这使得 CCM 图腾柱 PFC 转换器可以继续在 CCM 下使用。如文献[4]和[5]所述，在硬开关 CCM 下，GaN 基器件的 PFC 转换器可分别在 50 kHz、1 kW 或 100 kHz、2.4 kW 的工作条件下实现 99% 的效率；而使用 Si 基器件的 PFC 转换器无法在 CCM 下高效工作，需要在更复杂的临界模式(CRM)或混合 CCM/不连续模式(DCM)下才能达到 94.6% 的效率(输出功率为 200 W)[6]，或达到 98.3% 的效率(输出功率为 3 kW)[7]。

由于 GaN 基器件具有低开关损耗，因此它可以工作在更高的频率下，这样可以减少无源器件并获得更高的功率密度，同时保持较高的效率。同时，由于 GaN 基器件的关断损耗很小，故结电容能量引起的开关损耗可进一步通过 ZVS 的软开关技术消除。除此之外，GaN 基器件的导通电阻较低，可以在实现 ZVS 的同时保持低导通损耗。以 CRM 图腾柱 PFC 转换器为例，在 CRM 下，当开关频率在 1～3 MHz 范围时，1.2 kW 的图腾柱 PFC 转换器的峰值效率可以达到 98.8%，功率密度大于 200 W/in^{3}[3]。

7.1.2　建立新的应用和拓扑

下面以无线功率传输(WPT)为例介绍 GaN 基单相转换器的应用。WPT 应用中的 E 类转换器通常采用 Si 基或 Ge 基射频(RF)MOSFET，但受限于器件规格与谐振腔较大的电流应力，此类 WPT 系统通常应用在低功率射频领域，而使用 GaN 基器件可以实现高功率的 WPT 转换。文献[8]报道了高达 10 kW 的 6.78 MHz、13.56 MHz 的并网(Grid-Tied)

WPT 充电器。文献[9]使用 650 V 的增强型 GaN 基 HEMT 器件实现了效率为 96.5% 的 4 kW、13.56 MHz 的逆变器。

如图 7.4 所示,文献[10]和[11]提出了在发射端使用 GaN 基器件的不同拓扑结构以更少的转换级来提高整体效率。图 7.4(a)中的拓扑结构为一个两级式 6.78 MHz 的 GaN 基发射器,该发射器由 CRM 图腾柱 PFC 整流器和可以实现 ZVS 的全桥逆变器构成。通过实验测试,整流器和逆变器在 100 W 满载下的效率分别为 98.6% 和 93%,整体效率达到 91.7%。图 7.4(b)的拓扑结构通过消除一个桥臂并让整流器运行在 DCM 图腾柱 PFC 模式下,将两级式结构变为单级式结构。该单级式结构在 100 W 满载条件下实测效率为 92.1%,略高于组件较少的两级式结构,且具有进一步优化的空间[11]。目前 WPT 系统的典型效率仅为 50%～70%,以上结果表明,通过使用 GaN 基转换器可以提高系统效率[12]。

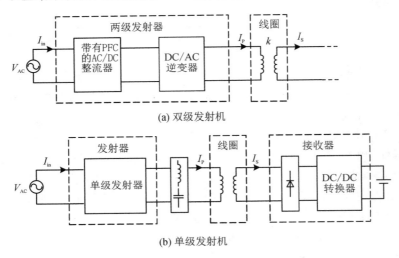

(a) 双级发射机

(b) 单级发射机

图 7.4　在 WPT 系统中采用 GaN 基交流/射频转换器以减小功率转换级数

GaN 基器件具有开关损耗低和传输速度快的优势,因此使用 GaN 基器件可以将并网 AC/DC 应用中使用的一些常规控制技术用于高频应用中。文献[13]将用于消除并网逆变器中的低频谐波的选择性谐波消除(SHE)脉宽调制方法引入到了 GaN 基 WPT 系统中。目前该技术可使单个 RF 逆变器具有同时输出两个频率的能力,涵盖宽带双模(100 kHz 和 6.78 MHz)和窄带双模(87～300 kHz),在低成本、多接收器的 WPT 应用中颇受欢迎。这种扩展的多频率控制脉冲宽度调制(MFPWM)也可应用于高频电刀功率电源中,其中 50 kHz 的超声输出用于解剖和密封,500 kHz 的 RF 输出用于切割/凝结组织[14]。

GaN 基转换器具有高控制带宽,在高开关频率下工作时具有更好的动态性能、较宽的谐波抑制能力和更快的响应速度。同时,GaN 基器件消除了反向并联二极管以及正反向固定导通电阻,使得 AC/DC 转换器的效率不受功率因数的影响,大大降低了转换器的损耗分布，简化了散热设计，可以实现理想化的输出阻抗特性。除此之外，GaN 基 AC/DC 转换器还有其他智能功能，例如可作为智能电阻[15]以适当的瞬态响应和效率来补偿和屏蔽交流或直流负载的非线性和负面特性，从而确保系统的稳定性。

7.1.3　面临的挑战与潜在的解决方案

在使用 GaN 基器件提高单相 AC/DC 转换器开关频率的同时，也存在诸多设计挑战。例如，工作在 MHz 开关频率时，CRM 升压型 PFC 中存在的几个问题更加明显。此外，随着高频转换器的发展，数字控制技术也迎来了新挑战。下述内容总结了近年来关于高频单相 PFC 关键设计方面的研究。

1. ZVS 扩展

在图 7.3 所示的 CRM 图腾柱 PFC 转换器结构中，理想情况下，当主开关 S_2 在过零点处关断时，电感与器件结电容之间发生谐振，使 S_2 结电容放电并实现 S_2 开关管的 ZVS。然而，如图 7.5 所示，只有当输入峰值电压 V_{in} 低于 $V_o/2$ 时，ZVS 条件才有效。当输入峰值电压高于 $V_o/2$ 时，主开关无法实现 ZVS，非 ZVS 区域会产生开关损耗，且在高频工作时该损耗会更大。

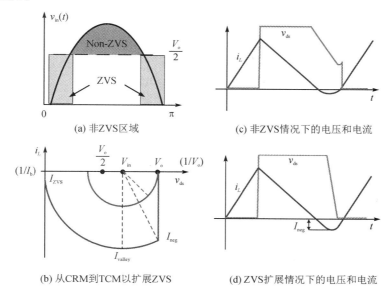

(a) 非ZVS区域　　　　(c) 非ZVS情况下的电压和电流

(b) 从CRM到TCM以扩展ZVS　　(d) ZVS扩展情况下的电压和电流

图 7.5　图腾柱 PFC 中的 ZVS 问题和 TCM 解决方案示意图

如果想实现 ZVS，必须延长 S_1 的导通时间，以便在同步整流开关管断开后有足够的负电流 I_{neg} 流过电感并在电感中存储足够的初始能量，从而使 LC 谐振时 S_2 的 C_{oss} 完全放电。这种方案通常被称为三角电流模式（TCM）或准方波（QSW）模式[6, 16-20]。在实际应用中，由于调制和栅极路径可能存在延迟或时序不匹配的情况，为了实现软开关技术，必须在电感电流过零时留有额外的负电流 I_{neg} 裕度。而这进一步导致了更高的环流电流和导通损耗，因此，该电流裕度必须很小。

2. 过零失真和数字控制的变导通时间调制

随着开关频率的提高，电流谐波和电源质量问题也变得越来越明显。在图腾柱 PFC 中，失真主要来源于违反恒定导通时间控制的假设。理想情况下，如果 S_2 开启之前的负电流 I_{neg} 为零，且 S_2 "体二极管"导通之后的 I_{ZVS} 与极高频谐振的部分周期中的谐振电流可以忽略不计，则电感中的峰值电流几乎是平均电流的两倍。因此，在整个输入电压周期内，CRM 开关电流的平均值始终遵循输入电压的正弦波形，即

$$V_{in} \approx L\,\frac{I_{peak}-0}{T_{on}} \Rightarrow I_{peak} \approx \frac{V_{in}T_{on}}{L} \tag{7.1}$$

然而，在一个输入周期内实际上存在两种类型的失真。在正常的 ZVS 区域内，当 $V_{in} < V_o/2$ 时，ZVS 开关瞬间总是存在负的 I_{ZVS}，如图 7.6 中所示。这是因为谐振圆的半径 $r = V_o - V_{in}$ 大于 V_{in}，尤其是在过零区域附近，高的 I_{ZVS} 值与正向峰值电流相差不大，从而抵消了有效输入均值电流并导致电流失真。只有当 V_{in} 增加时，I_{ZVS} 才变得更小，最终在 CRM 和 TCM 的边界处变为零。

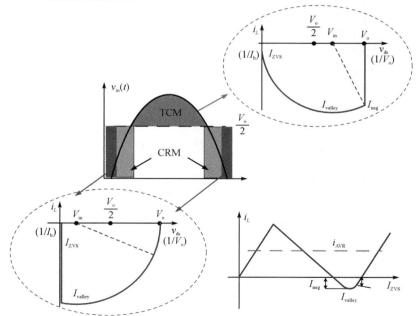

图 7.6 基于 CRM-TCM 图腾柱 PFC 的电流失真机理示意图

当 $V_{in} > V_o/2$ 时，尽管 TCM 有助于实现 ZVS，但引入的负电流 I_{neg} 成为违反恒定导通时间控制理想假设中的第二个负分量，而通过控制 I_{neg} 可以将 I_{ZVS} 项最小化。

这两个负分量在较高的开关频率下将会显著增加。如式（7.2）和式（7.3）中分析所示，其大小与交流电感的均方根呈反比。在较高的开关频率下，要确保工作在 CRM 模式，必须减小输入交流电感，但是，这又将会导致较高的基准电流失真。

$$I_{neg} \approx j_{neg} I_{base} = j_{neg} \frac{V_{base}}{\sqrt{L/C_{oss\_eq}}} \tag{7.2}$$

$$I_{ZVS} \approx j_{ZVS} I_{base} = j_{ZVS} \frac{V_{base}}{\sqrt{L/C_{oss\_eq}}} \tag{7.3}$$

式（7.2）中的 j_{neg} 和式（7.3）中的 j_{ZVS} 是归一化基准电流，是输入和输出电压的函数，可通过标准化曲线图求解，与开关频率无关。

为补偿 MHz 开关频率下 PFC 应用中的失真，应通过在工频周期内进行变导通时间控制[6, 18-20]来额外增加主开关的导通时间，抵消上述两个负电流分量在过零区域和 TCM 区域中的影响。使用这种方法虽然可以准确计算所需的导通时间，但需要大量的计算和高性能的数字控制器[6]，因此可以采用其他方法（例如查表法）来简化计算并控制成本[18-19]。

3. 数字控制下的交错并联和纹波消除

由于 CRM 模式的固有特性，单相 CRM 图腾柱 PFC 的一个明显问题是开关电流纹波很高。为达到电磁干扰（EMI）的标准，必须使用 DM 滤波器滤除交流侧的高差模 DM 噪声，但这样会导致滤波器尺寸较大且无源器件损耗较高。此外，在受控导通时间取代固定开关周期后，开关频率将随着输入电压或负载电流的变化而变化，从而引起宽带噪声。因此，必须基于最低频率的噪声来设计单级 DM 滤波器。

如图 7.7 所示，可以通过对两相转换器进行 180°移相的两相 CRM 图腾柱 PFC 的交错来解决这一问题。消除基波开关纹波，从理论上可以将滤波器的尺寸减小 50%。

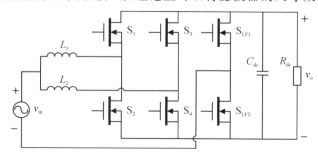

图 7.7　两相交错式图腾柱 PFC 示意图

变频 PFC 中通常使用两种类型的交错相位控制，即开环交错和闭环交错[19]。对于 GaN 基兆赫兹图腾柱 PFC 来说，由于计算速度和资源有限，交错相位控制可能会导致高频下明显的相位误差。最小相位变化可以是相对缓慢的闭环控制器的一个或多个开关周期，也可以是开环控制器的离散步进 DSP 的一个时钟周期。相位误差会降低纹波消除的性能，并可能导致在开关频率基波处产生大量残留噪声，从而增大 EMI 滤波器的尺寸。所以，在低频设计中一般使用更为稳定闭环交错控制，因为它可以检测到两个桥臂的相位时序并主动调整从属桥臂的导通时间，从而保证其软开关和 CRM 的传输[19]。但是，若在兆赫兹级的高频转换器中使用这种控制，必须采用核心频率高于数百 MHz 的先进高速微控制器或使用支持并行计算的 FPGA 型控制器 IC 来减少控制延迟。相对于闭环交错控制，开环交错控制的速度更快，因此在高频应用时可以首选这种控制方式。但由于开环交错方式不能确保从属桥臂的 CRM 运行，因此可能会导致 CRM 损耗并在从属桥臂中引起输入电流振荡。根据参考文献[18]，从属桥臂的瞬时同步导通在由延迟干扰和 CRM 损耗引起的振荡条件下具有自稳定能力，而瞬时同步关断由于会引入次谐波振荡而不常使用。

7.2　GaN 基三相 AC/DC 转换器

7.2.1　优势

由于现有 GaN 基器件的额定电流有限，因此 GaN 基三相 AC/DC 转换器的应用并不多，但通过相对有限的例子仍可看到其优势。与单相应用类似，GaN 基三相 AC/DC 转换器比 Si 基三相 AC/DC 转换器具有更高的效率。在三相光伏逆变器的应用中，采用顶部散热的表面贴装 650 V GaN 基器件设计了一个开关频率为 50 kHz、额定值为 10 kW/400 V 的直流两电平电压源逆变器(VSI)，在没有 EMI 滤波器的情况下，其峰值效率达到 98.8%[21-22]。凭借其卓越的性能，GaN 基器件近年来也被用于电机驱动领域[23]，该研究分别比较了 GaN 基和 Si 基 IGBT 的 3 马力(1 马力=735.5 W，译者注)230 V 交流感应电机在 100 kHz 和 15 kHz 时的性能。结果表明，由于包含了一个处理 GaN 基器件 dv/dt 应力的输出滤波器，GaN 基逆变器的效率只略高于 Si 基逆变器。但由于 GaN 基转换器中的开关谐波较低，降低了电机的发热量，因此，整个电机系统的效率会显著提高。文献[24]中提出了使用正弦输出滤波器和 650 V GaN 基器件的额定值为 1.5 kW、300V 的直流 VSI，其在 100 kHz 开关频率下的效率达到 97%(将滤波器损耗考虑在内)。除此之外，开关频率的增加可以使滤波器体积更小，更有助于减少谐波和电机损耗。

文献[25]和[39]中提出了一种用于飞机电池充电器的新应用，其中 GaN 基 AC/DC 转换器用作有源前端来调节直流母线电压。使用 GaN 基器件可以将开关频率增加到数百 kHz，这有助于减小转换器的尺寸和质量，从而在飞机应用中可以使用更小的滤波器。对于三相 Vienna 整流器，文献[25]使用开关频率为 450 kHz 的 GaN 基器件，而非开关频率为 70 kHz 的 SiC 基 JFET[26]器件或者开关频率为 68 kHz 的 Si 基器件[27]，在保持高效率条件下显著降低了无源器件的质量和体积。

7.2.2　面临的挑战与潜在的解决方案

尽管 GaN 基高速开关器件具有很多优势，但它在硬开关三相 AC/DC 转换器的应用中仍存在严峻挑战。我们需要了解 Si 基 AC/DC 转换器的特性及其影响，重新制定设计方案。下面将介绍一些关键问题和潜在的解决方案。

1. 结电容和高开关频率对电压失真的影响

增加开关频率会加剧寄生效应对开关换流的影响，进而对功率转换器的电能质量产生负面影响。例如，当 GaN 基 AC/DC 或 DC/AC 转换器在高开关频率下工作时，不理想的换流会导致严重的电压失真[25,27,29]（如图 7.8 中所示）。

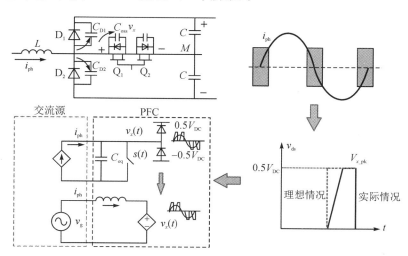

图 7.8　三相 Vienna 整流器中的电压和电流失真示意图（该失真由器件关断时结电容充电导致的 PWM 损耗引起）

在较短的开关周期内，较高的开关频率会加剧电压失真。这种影响在具有开关二极管的转换器（例如 Vienna 整流器）中更为严重，并且这种影响会在相桥臂电压源中伴随着死区时间效应，或在电流源转换器中伴随着时间交叠效应（如图 7.9 所示）。

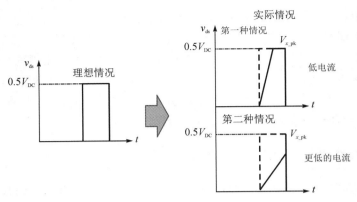

图 7.9 关断瞬态时理想和实际的 PWM 电压波形

由于理想的 PWM 电压在一个开关周期内的平均值代表平均基波电压，因此缓慢充电过程产生的失真电压会导致伏秒损耗。从这个角度来看，可以应用前馈关断补偿方案[25]对实际的 PWM 电压进行整形，使补偿后的 PWM 电压具有与理想情况相同的伏秒特性。由于非阴影区域通常是共有的，因此可以提出使两个阴影区域伏秒平衡的简化方法，如图 7.10 所示。SPWM 和 SPWM+3 方案的补偿占空比在式(7.4)中统一，唯一的区别在于与相位角相关的因子 α 不同[25]。在式(7.4)中，d_{th} 表示边界占空比，R_{target} 表示 PFC 的等效输入阻抗，C_{eq} 是 T 型连接器件的每个桥臂在电压范围$[0, V_{x\_pk}]$上基于电荷的等效输出电容。

$$\Delta d = \begin{cases} \dfrac{R_{\text{target}} C_{\text{eq}}}{2T_{\text{s}}} \dfrac{\alpha(\theta)}{d}, & d \geqslant d_{\text{th}} \\[3mm] \sqrt{\dfrac{2R_{\text{target}} C_{\text{eq}}}{T_{\text{s}}} \alpha(\theta)} - d, & d < d_{\text{th}} \end{cases} \tag{7.4}$$

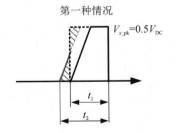

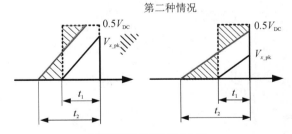

虚线表示理想的PWM电压
黑色实线表示实际未补偿的关断电压
灰色实线表示基于阴影伏秒面积的补偿电压

图 7.10 电流补偿前后的电压波形

这种方法不仅可以补偿失真，还可以为输出的 PWM 电压失真提供精确的分析模型，该模型是直流母线电压、交流工作点、器件结电容和转换器开关频率的函数。以开关频率为例，Vienna 整流器中开关频率对电压失真的理论影响如图 7.11 所示。对于给定的器件和工作条件，只有当 f_s 高于 100 kHz 时，这种失真才会变得明显（如图 7.12 和图 7.13 所示）。

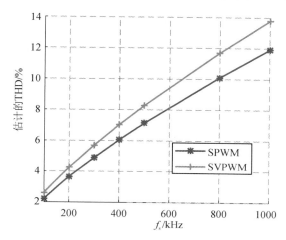

图 7.11　失真与开关频率的关系曲线

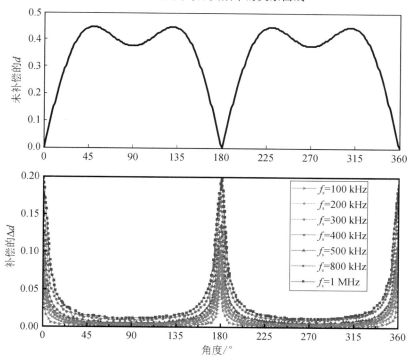

图 7.12　SVM 的占空比补偿与 f_s 的关系

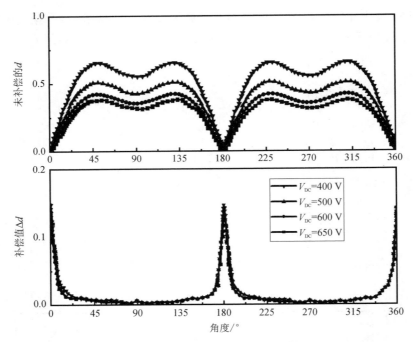

图 7.13　考虑 C_{oss} 情况进行的非线性占空比补偿下的 SVM

　　包含失真补偿的三电平整流器的整体控制图如图 7.14 所示。测试结果如图 7.15 所示。若没有准确的电压误差补偿方案，则在输入电流中就会观察到明显的失真。由于在一个输入周期内三相电流有 6 个过零点，因此失真主要由 $6k \pm 1$ 阶次谐波组成（k 为正整数）。采用上述方案后，这些谐波得到了明显抑制，且 THD 电流从 10.3% 降低至 3.0%。

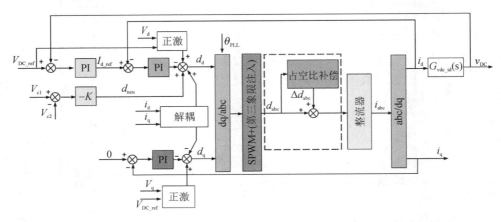

图 7.14　采用所述调制补偿方案的三相 PFC 控制结构

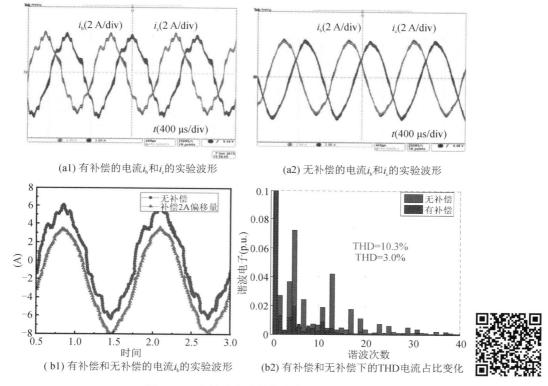

(a1) 有补偿的电流i_b和i_c的实验波形　　　　(a2) 无补偿的电流i_b和i_c的实验波形

(b1) 有补偿和无补偿的电流i_b的实验波形　　(b2) 有补偿和无补偿下的THD电流占比变化

图 7.15　有补偿和无补偿方案的电流质量实验对比

2. 电流采样

将 GaN 应用于高频高功率密度 AC/DC 转换器的另一个挑战是采样。由于 GaN 基器件具有高开关速度，因此，在硬开关三相 AC/DC 转换器中会增加与高 $\mathrm{d}v/\mathrm{d}t$ 和 $\mathrm{d}i/\mathrm{d}t$ 相关的瞬态噪声和纹波。此外，由于高频转换器中的模数转换器（ADC）的转换时间相对较长，因此，信号的测量质量对采样时序更加敏感。

为了避免电力电子转换器在开关瞬间附近出现噪声尖峰和与被测信号相关的振铃，一种常用的方法是使 ADC 与 PWM 载波同步。这种方法需要谨慎选择电流采样时刻点，因为不当的采样时刻会导致不合适的电流反馈信息并危及电流环路控制。实现同步的传统方式是基于三角波调制载波，通过将 ADC 采样与导通时间内的中点对齐，获取平均电流的准确值。

然而，AC/DC 转换器中的实际占空比是在 0～1 范围内时变的，这将导致采样转换的时间窗口是变化的。对于单相 PFC，建议当占空比超过 0.5 时，在开关纹波的上升沿和下降沿之间切换采样，以延长采样间隔并为 ADC 采样保持和数字转换留出充足的时间[30]。不过，这种单相转换器中的方法不能直接应用于三相转换器中。此外，由于 GaN 基高频转换器的开关周期非常短，几乎与商用 ADC 的采样周期相当，因此，选择更长的采样区间变得至关重要且更具挑战。

1）目前采样方法中的问题

由于三角形载波调制在 DSP 编码中被广泛采用，并可作为采样时刻的同步源，因此，在三电平 Vienna 转换器的 DSP 中可采用常用的 2 栈载波调制。为避免载波出现负区域，图 7.16 中做出了一个等效修改。与两电平转换器不同，Vienna 转换器中的比较器逻辑应每半个工频周期切换一次，以与相电流方向匹配。这里，瞬时占空比 d 可表示为

$$d = M\sin\theta \tag{7.5}$$

其中，M 是调制系数，它是峰值相电压 V_N 与 1/2 直流母线电压的比值，即

$$M = \frac{V_N}{\dfrac{V_{DC}}{2}} \tag{7.6}$$

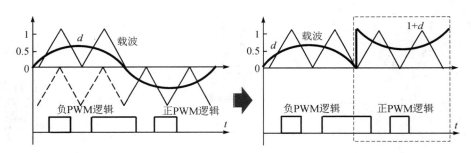

图 7.16　Vienna 整流器中的调制方式

如图 7.17 所示，尽管在导通或关断间隔的中点采样可以表示平均值，但由于高开关频率转换器中的 ADC 步骤比较耗时，因此需要在较长的区间内进行采样。图 7.18 给出了一种 Vienna 整流器的单相采样方案。若 $M<0.5$，则在正半工频周期中，当载波计数器的值 CTR 达到其周期值 PRD(CTR=PRD)时，触发采样转换，而在负半工频周期中，采样点为 CTR=0。当 $M>0.5$ 时，只需对之前的采样方案稍加修改即可。如图 7.18(b)所示，在正半工频周期中，若瞬时

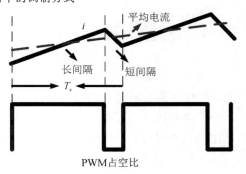

图 7.17　所需电流采样瞬间

占空比 d 大于 0.5，则采样转换反过来，即在 CTR=0 时触发采样转换；在负半工频周期中，若 d 低于 -0.5，则 CTR=PRD 时触发采样转换。因此，采样瞬间总是在一个开关周期中较长的区间下进行的。

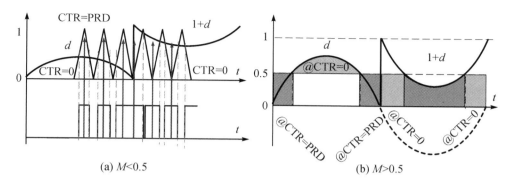

(a) M<0.5　　　　　　(b) M>0.5

图 7.18　Vienna 整流器单相的基本混合采样方案

　　然而，若将此方案应用于三相整流器中，则三个采样时刻将发生冲突。以相位角小于 30°区域为例，如图 7.19 中的阴影区域所示，应在 CTR＝PRD 时采样 A 相和 B 相，而在 CTR＝0 时采样 C 相。因此，三个转换点不同，需要监控不同的采样时刻，还需要额外的触发源和独立的 ADC 中断控制逻辑，这使得控制器在硬件和软件方面的设计变得更加复杂。

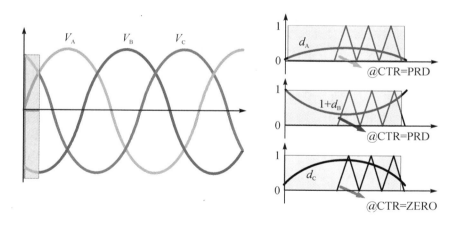

图 7.19　M<0.5 时三相转换器中采样时刻冲突的示意图

　　2）基于扇区的方案

　　为了在较长的间隔内进行采样并适用于所有三相，可以采用一种基于扇区的简单方案[31]。如图 7.20 所示，将整个工频周期分为 6 个扇区。对于每个扇区，都只有一个共同时刻可以对齐三相电流的 ADC 采样，可以是 CTR＝0 或 CTR＝PRD，这取决于其扇区号。例如，当工频角在扇区 1 内时，三相采样时刻为 CTR＝0；当工频角在扇区 2 内时，三相采样时刻为 CTR＝PRD。尽管共同采样时刻在相邻的两个扇区之间交替，但可以使用锁相环（PLL）角度轻松实现扇区划分，且无需随占空比 d 或调制比 M 的变化而转变采样时刻。此外，由于三相电流共用一个 ADC 触发信号，因此可以通过 DSP 内部的 ADC 采样实现，且只需要一个中断即可。

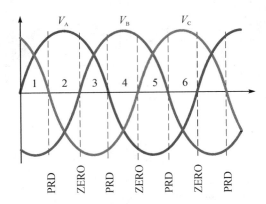

图 7.20　载波计数值 CTR＝0 或 CTR＝PRD 时三相转换器的基于扇区采样方案

　　尽管基于扇区的方案简单，但无法保证所有的三相电流都同时以较长的间隔进行采样。如图 7.21 所示，可以通过对不同调制比和三相工频角的概率分析来证明。取载波比 $N＝13$，由于相的对称性与交流波形的对称性，下面以 A 相的半周期为例进行分析。在图 7.21 中，当三相占空比 $d_{A,B,C}$ 中任何一个落入负区域时，则 $d_{A,B,C}$ 将变为 $1＋d_{A,B,C}$。

　　在图 7.21(a) 中，当 M 小于 0.5 且工频角 θ 在扇区 1 和 3 中时，开关周期中 A 相的长间隔出现在 CTR＝PRD 附近。根据基于扇区的方案，采样时刻也位于 CTR＝PRD 处。但当工频角 θ 在扇区 2 中时，开关周期中 A 相的长间隔应为 CTR＝PRD，这不同于预想的触发逻辑 CTR＝0。因此，A 相将在该扇区中以短间隔进行采样，而其他两相将以长间隔进行采样。

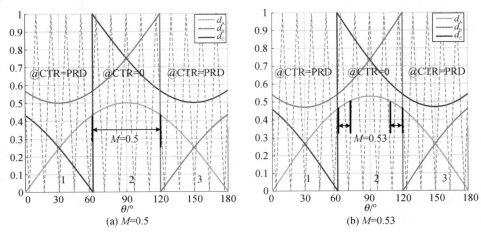

(a) $M＝0.5$　　　　　　　　(b) $M＝0.53$

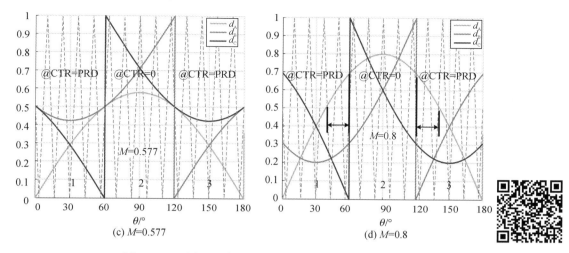

图 7.21　不同调制参数下 Vienna 整流器 A 相的短间隔采样方案

下面使用 λ 来表示在一个开关周期内发生在短间隔中的采样时刻概率，也可将 λ 定义为在整个工频周期内进行短间隔采样的角度范围，即

$$\lambda = \frac{\theta_{短间隔采样}}{360°} \tag{7.7}$$

对于 A 相，若 $M < 0.5$，则概率可以表示为

$$\lambda_A = \frac{60°}{180°} = \frac{1}{3} \tag{7.8}$$

在图 7.21(a)、(b)中，由于 d_A 的峰值位于扇区 2 中，随着 M 增加，d_A 在该扇区中首先超过 $d = 0.5$ 的边界(若高于该值，则 CTR=0 时出现 A 相的长间隔)，因此，有

$$d_A = M\sin\theta = 0.5 \tag{7.9}$$

随着 M 进一步增加，d_A 将开始超出扇区 1 和扇区 3 的 $d = 0.5$ 边界，如图 7.21(d)所示。当 d_A 超过 0.5 时，其穿越边界角为 $\theta = 60°$。因此，在这种情况下，相应的调制系数 M_{th} 可以从 $M_{th}\sin 60° = 0.5$ 得出，即 $M_{th} = 1/\sqrt{3} = 0.577$。

如图 7.21(b)所示，当 M 大于 0.5 且小于 0.577 时，在 A 相中将有两个角度段，且采样间隔很短。根据中心对称原理，短间隔采样概率可表示为

$$\lambda_A = \frac{2 \times (\theta - 60°)}{180°} \tag{7.10}$$

其中，

$$\theta = \arcsin\frac{0.5}{M} \tag{7.11}$$

同样，下面分析 $M > 0.577$ 的情况，唯一的区别是扇区 1 和 3 中的 d_A 超过 $d = 0.5$。因此，扇区 1 和 3 中将分别有两个短间隔采样段，如图 7.21(d)所示。

表 7.1 中提供了非期望采样间隔在整个输入周期中所占的比例，并在图 7.22 中进行了说明。可以看出，当调制系数高于 0.5 时，这种方法可以实现更好的性能。

表 7.1 在工频周期内短开关间隔采样的比例

调制系数	$M \leqslant 0.5$	$0.5 < M \leqslant \dfrac{1}{\sqrt{3}}$	$M > \dfrac{1}{\sqrt{3}}$
比例	$\dfrac{1}{3}$	$\dfrac{\arcsin\dfrac{0.5}{M} - 60}{90}$	$\dfrac{\arcsin(0.886M) - 30}{90}$

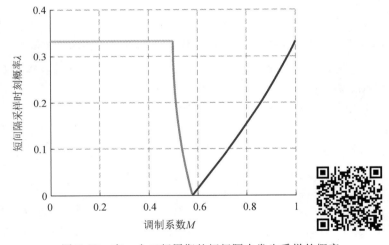

图 7.22 在一个工频周期的短间隔内发生采样的概率

另一个重要的结论是：当每次只以较长的时间间隔对两相电流进行采样时，对于每一相电路，总有一部分工频周期的采样间隔较短，三相类似地交替。对于具有载波的正弦脉冲宽度调制（SPWM）的 Vienna 整流器，最坏的情况发生在 $M \leqslant 0.5$ 和 $M = 1$ 时，此时每一相最高有 1/3 的工频周期在较短间隔内采样；最好的情况发生在 $M = 0.577$ 处，此时三相在整个输入周期内均以长间隔进行采样。

在交流输入电压的有效值为 115 V、开关频率为 800 Hz，直流输出为 600 V、开关频率为 450 kHz 的情况下对是否采用上述电流采样方法进行了比较。图 7.23 给出了采用新采样方案的电压和电流波形，图 7.24 给出了谐波频谱的比较结果。由于可以精确地捕获基波电流分量且原始感测信号具有抗噪声和抗干扰性，故新采样方案主要对二阶、三阶和五阶谐波进行了改善。

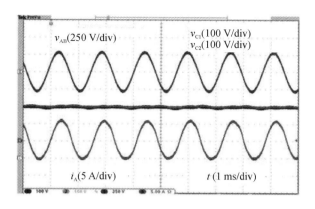

图 7.23　新采样方案的波形

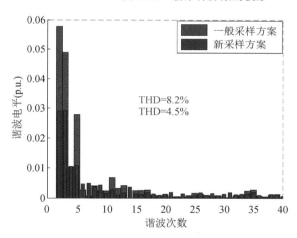

图 7.24　新采样方案与一般采样方案的电流谐波频谱对比

　　针对 Vienna 整流器的基于扇区的采样方案可以应用于一般的三相转换器中，从而避免高开关速度器件在硬开关工作期间产生的瞬态噪声和纹波。

7.3　GaN 基转换器的散热设计

　　目前 GaN 基器件采用薄型表面贴装(SMT)进行封装，这有助于减少寄生电感，但增加了散热系统设计的难度。

　　对于底部散热的器件，必须将器件的热量从结传导到外壳，然后通过 PCB 层散布到热界面材料（TIM）和散热器。热传导路径上有许多影响热阻的因素，其中最主要的是 PCB 热阻，它受 PCB 材料和电路布局的影响很大，关键因素在图 7.25 中列出。不同类型的 PCB 布局[32]主要使用基于有限元方法（FEM）的仿真来确定热阻，其中 FR4 材料的热阻介于 $1.98 \sim 11.54℃/W$ 之间，它与通孔的密度、层数和 PCB 厚度等有关。然而，器件下方的多层铜无法实现垂直布局结构，导致寄生回路电感增加，从而会引起电压过冲。

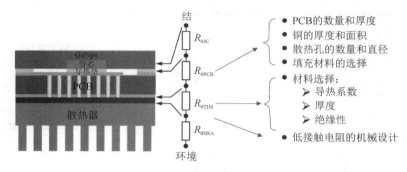

图 7.25　表面贴装 GaN 基器件的散热设计理念和主要影响因素

　　图 7.26 所示为一个三相 Vienna 整流器样机，其采用增强型 GaN 基器件进行底部散热的设计，也可以采用组合方法提高热性能，包括使用更薄的 PCB、多层结构、填充式散热孔和钉翅状（Pin-Fin）散热片等。

图 7.26　GaN 基三相 Vienna 整流器的底部散热设计

　　用铜热接口模块（TIB）替换散热孔可以显著降低器件封装和散热器之间的热阻[33]。如图 7.27 所示，铜制 TIB 用作散热器和热支架，通过 PCB 切口在散热器和器件封装之间建立接口。在器件接触表面附近的下侧，TIB 还可以利用器件下方的 PCB 区域。由于 TIB 直接与器件导热垫接触，并将绝缘垫和螺钉通过螺栓固定在散热器上，因此散热器连接和

TIM 压缩产生的机械应力均作用于 TIB，而非作用于 PCB 或器件封装。

图 7.27　使用铜热接口模块(TIB)进行散热器连接

如图 7.28 所示，每个器件的铜 TIB 热阻均小于 0.3℃/W，而非一般热通孔设计的 3～5℃/W。在不使用自然对流冷却的情况下，允许强制冷却使用更小的散热器，这样可以将 TIB 集成到每个器件的散热器中，从而不需要绝缘的热界面材料。文献[34]中运用了这样的方案，但用 PCB 铜嵌体和定制加工的散热器代替 TIB，从而增加了制造复杂度和成本。在上述解决方案中，均无法减轻回路寄生问题。因此，必须在热性能和电性能之间进行权衡。

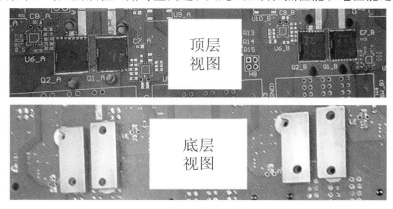

图 7.28　由栅极注入 GaN 基器件、PCB 和 TIB 组装的全桥逆变器[33]

为了避免上述问题，市场上逐渐出现了一些顶部散热封装的 GaN 基器件。由于 GaN 基器件顶部上表面与散热器直接接触且可以在器件下方垂直布局，因此消除了 PCB 大部分的热阻。然而，这种方法可能会在 GaN 基器件中引入机械应力，因此需要精确的转矩控制和散热器制造[35]。

　　除了热管理本身，在硬开关转换器中使用 GaN 基器件时，也要重视散热器和 GaN 基器件之间的电容耦合效应[36]。由于 GaN 基器件的输出电容较低，即使散热器的耦合电容较小也可能在总电容中的占比较大。此外，如图 7.29 所示，为了通过共用散热器来降低成本、机械强度和体积，通常在一相或所有相的桥臂表面贴装薄型的 GaN 基器件，但这样一来又会形成 Y 形连接的容性网络。通过 Y/△转换得到的电容分别平行于桥臂上的每个器件。由于源极或漏极与散热器之间形成了耦合电容，且两者之间具有电绝缘的热界面，并且为了实现低动态电阻 $R_{\mathrm{DS(on)}}$，GaN 基器件的源极或漏极焊盘需要与器件的导热垫片短接，因此这三个电容值并不相同。不过，由于必须在所有 PCB 层上放置更大面积的散热铜片以传导底部散热器件的热量，导致了耦合电容的增加，底部散热器件的情况比顶部散热器件的情况更糟。

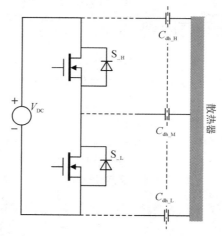

图 7.29　器件和散热器之间的容性耦合

　　在高开关频率下，耦合电容会对开关速度产生负面影响，并给有源开关带来很大的开关损耗。降低电容效应的一种方法是在两个散热器具有不同电位的前提下将桥臂的上下部分开关管的散热器分开[37]，这样就可以消除开关节点和总线之间的耦合路径。

　　另外，也可以使用主动散热的方式调节转换器损耗，比如调整开关频率、调制方案、控制栅极驱动器 dv/dt 和 di/dt[38] 或降额工作等，但这将会导致总谐波失真（THD）较高或动态控制较慢。因此，可靠的非侵入式温度传感技术将成为先决条件。

7.4　结论

　　本章概述了在 AC/DC 转换器中使用 GaN 基器件的优势、挑战和相关的潜在解决方案。GaN 基器件的优势可以通过器件替代、简化拓扑以及扩展新的系统级功能和新应用来实现。使用这些器件的挑战主要源于其极快的开关速度和较小的物理尺寸。

对于 GaN 基单相 AC/DC 转换器，由于硬开关转换器的开关损耗较低，软开关 PFC 以及其他转换器的导通损耗较低，可以实现更高的效率、更简单的拓扑结构和更高的功率密度。GaN 技术带动了许多新应用，例如无线功率传输系统、医疗电源和智能阻抗转换器等。但是，在高频高功率密度转换器中使用 GaN 基器件也存在新的挑战，例如 ZVS 范围扩展、过零失真和数字控制，这些挑战都需要特殊的设计考虑因素来应对。

对于三相 AC/DC 转换器，GaN 技术已经应用于 PV、电机驱动和电池充电器等场合。通过替换器件或增加开关频率可以显著提升转换器的效率与功率密度。但是在高频三相转换器中使用 GaN 基器件也会出现很多新问题，例如结电容的影响和电流采样，需要在设计时考虑这些问题并提出新的解决方案，本章介绍了一些潜在的方案来应对这些问题。

最后，本章从电学、热学和机械设计等方面解释了 GaN 基转换器散热技术的难点，简述并比较了不同的方法。

参 考 文 献

[1] JONES E A，WANG F F，COSTINETT D. Review of commercial GaN power devices and GaN-based converter design challenges[J]. IEEE Journal of Emerging and Selected Topics in Power Electronics，2016，4(3)：707-719.

[2] ZHAO C，TRENTO B，JIANG L，et al. Design and implementation of a GaN-based，100-kHz，102-W/in³ single-phase inverter[J]. IEEE Journal of Emerging and Selected Topics in Power Electronics，2016，4(3)：824-840.

[3] Liu Z，Lee F C，Li Q，et al. Design of GaN-based MHz totem-pole PFC rectifier[J]. IEEE Journal of Emerging and Selected Topics in Power Electronics，2016，4(3)：799-807.

[4] ZHOU L，WU Y F，MISHRA U. True-bridgeless PFC based on GaN HEMTs[C]. PCIM Europe，2013：1017-1022.

[5] ZHOU L，WU Y，HONEA J，et al. High-efficiency true bridgeless totem-pole PFC based on GaN HEMT：design challenges and cost-effective solution[C]. Proceedings of PCIM Europe 2015：International Exhibition and Conference for Power Electronics，Intelligent Motion，Renewable Energy and Energy Management. VDE，2015：1-8.

[6] MARXGUT C，KRISMER F，BORTIS D，et al. Ultraflat interleaved triangular current mode（TCM）single-phase PFC rectifier[J]. IEEE Transactions on Power Electronics，2014，29(2)：873-882.

[7] BIELA J，HASSLER D，MINIBÖCK J，et al. Optimal design of a 5 kW/dm³/98.3% efficient TCM resonant transition single-phase PFC rectifier[C]. The 2010 International Power Electronics Conference-ECCE ASIA-. IEEE，2010：17091716.

[8]　TRUNG N K，AKATSU K. Design high power and high efficiency inverter operating at 13. 56 MHz for wireless power transfer systems[C]//2016 IEEE Energy Conversion Congress and Exposition (ECCE). IEEE，2016：1-8.

[9]　TRUNG N K，AKATSU K. Design 13. 56 MHz 10 kW resonant inverter using GaN HEMT for wireless power transfer systems [C]//2017 IEEE Energy Conversion Congress and Exposition (ECCE). IEEE，2017：955-960.

[10]　JIANG L，TAMJID F，ZHAO C，et al. A GaN-based 100 W two-stage wireless power transmitter with inherent current source output[C]//2016 IEEE PELS Workshop on Emerging Technologies： Wireless Power Transfer (WoW). IEEE，2016：65-72.

[11]　JIANG L，COSTINETT D，FATHY A，et al. A single stage AC/RF converter for wireless power transfer applications[C]//2017 IEEE Applied Power Electronics Conference and Exposition (APEC). IEEE，2017：1682-1688.

[12]　LU X，WANG P，NIYATO D，et al. Wireless charging technologies：fundamentals, standards, and network applications[J]. IEEE Communications Surveys and Tutorials, 2015，18(2)：1413-1452.

[13]　ZHAO C，COSTINETT D. GaN-based dual-mode wireless power transfer using multifrequency programmed pulse width modulation[J]. IEEE Transactions on Industrial Electronics, 2017，64(11)：9165-9176.

[14]　ZHAO C，COSTINETT D，TRENTO B，et al. A single-phase dual frequency inverter based on multi-frequency selective harmonic elimination [C]//2016 IEEE Applied Power Electronics Conference and Exposition (APEC). IEEE，2016：3577-3584.

[15]　POTTY K A，BAUER E，LI H，et al. Smart resistor：dynamic stabilization of constant power loads in DC microgrids with high bandwidth power converters andenergy storage[C]//2017 IEEE Applied Power Electronics Conference and Exposition (APEC). IEEE，2017：2795-2801.

[16]　SU B，LU Z. An interleaved totem-pole boost bridgeless rectifier with reduced reverse-recovery problems for power factor correction[J]. IEEE Transactions on Power Electronics, 2010，25(6)：1406-1415.

[17]　SU B，ZHANG J，LU Z. Totem-pole boost bridgeless PFC rectifier with simple zero-current detection and full-range ZVS operating at the boundary of DCM/CCM[J]. IEEE Transactions on Power Electronics，2010，26(2)：427-435.

[18]　MARXGUT C，BIELA J，KOLAR J W. Interleaved triangular current mode (TCM) resonant transition，single phase PFC rectifier with high efficiency and high power density[C]//The 2010 International Power Electronics Conference-ECCE ASIA-. IEEE，2010：1725-1732.

[19]　LIU Z，HUANG Z，LEE F C，et al. Digital-based interleaving control for GaN-based MHz CRM totem-pole PFC[J]. IEEE Journal of Emerging and Selected Topics in Power Electronics，2016，4(3)：808-814.

[20]　KIM J W，CHOI S M，KIM K T. Variable on-time control of the critical conduction mode boost power factor correction converter to improve zero-crossing distortion [C]//2005 International

Conference on Power Electronics and Drives Systems. IEEE, 2005, 2: 1542-1546.

[21] Li H, Zhang X, Zhang Z, et al. Design of a 10 kW GaN-based high power density three-phase inverter[C]//2016 IEEE Energy Conversion Congress and Exposition (ECCE). IEEE, 2016: 1-8.

[22] LI H, LI X, ZHANG Z, et al. Design consideration of high power GaN inverter[C]//2016 IEEE 4th Workshop on Wide Bandgap Power Devices and Applications (WiPDA). IEEE, 2016: 23-29.

[23] HONEA J, KANG J. High-speed GaN switches for motor drives[J]. Power Electronics Europe, 2012, 3: 38-41.

[24] LAUTNER J, PIEPENBREIER B. High efficiency three-phase-inverter with 650 V GaN HEMTs [C]//PCIM Europe 2016; International Exhibition and Conference for Power Electronics, Intelligent Motion, Renewable Energy and Energy Management. VDE, 2016: 1-8.

[25] LIU B, REN R, JONES E A, et al. A modulation compensation scheme to reduce input current distortion in GaN-based high switching frequency three-phase three-level Vienna-type rectifiers[J]. IEEE Transactions on Power Electronics, 2017, 33(1): 283-298.

[26] LAI R, WANG F, NING P, et al. A high-power-density converter[J]. IEEE Industrial Electronics Magazine, 2010, 4(4): 4-12.

[27] WANG Q, ZHANG X, BURGOS R, et al. Design and optimization of a high performance isolated three phase AC/DC converter[C]//2016 IEEE Energy Conversion Congress and Exposition (ECCE). IEEE, 2016: 1-10.

[28] ZHANG Z, WANG F, TOLBERT L M, et al. Evaluation of switching performance of SiC devices in PWM inverter-fed induction motor drives[J]. IEEE Transactions on Power Electronics, 2014, 30(10): 5701-5711.

[29] LIU B, REN R, JONES E, et al. A compensation scheme to reduce input current distortion in a GaN based 450 kHz three-phase Vienna type PFC[C]//2016 IEEE Energy Conversion Congress and Exposition (ECCE). IEEE, 2016: 1-7.

[30] VAN DE SYPE D M, DE GUSSEMÉ K, VAN DEN BOSSCHE A P, et al. A sampling algorithm for digitally controlled boost PFC converters[J]. IEEE Transactions on Power Electronics, 2004, 19(3): 649-657.

[31] LIU B, REN R, ZHANG Z, et al. A sampling scheme for three-phase high switching frequency and speed converter[C]//2018 IEEE Applied Power Electronics Conference and Exposition (APEC). IEEE, 2018: 3031-3035.

[32] GaN Systems, GN005_PCB Thermal Design Guide for GaN Enhancement Mode Power Transistors, [Online] http://www.gansystems.com/whitepapers.php.

[33] JONES E A, WILLIFORD P, YANG Z, et al. Maximizing the voltage and current capability of GaN FETs in a hard-switching converter [C]//2017 IEEE 12th International Conference on Power Electronics and Drive Systems (PEDS). IEEE, 2017: 740-747.

[34] Cree, CRD-5FF0912P, SiC MOSFET high-frequency evaluation board for 7 L D2PAK, 2016, [Online]. Available: http://www.wolfspeed.com/downloads/dl/file/id/930/product/1/sicmosfet_high_frequency_

evaluation_board_for_7l_d2pak. pdf.

［35］ GaN Systems，GN001 Application Guide-Design with GaN Enhancement mode HEMT，［Online］：Available：http：//www. gansystems. com/whitepapers. php.

［36］ LIU B，ZHANG Z，JONES E，et al. Application of GaN in hard-switching converters：challenges and potential solutions［J］. Power Electron（in Chinese），2017.

［37］ JOSIFOVI I，POPOVI -GERBER J，FERREIRA J A. Improving SiC JFET switching behavior under influence of circuit parasitics［J］. IEEE Transactions on Power Electronics，2012，27（8）：3843-3854.

［38］ PRASOBHU P K，RAVEENDRAN V，BUTICCHI G，et al. Active thermal control of a DC/DC GaN-based converter［C］//2017 IEEE Applied Power Electronics Conference and Exposition（APEC）. IEEE，2017：1146-1152.

［39］ REN R，LIU B，JONES E A，et al. Capacitor-clamped，three-level GaN-based DC-DC converter with dual voltage outputs for battery charger applications［J］. IEEE Journal of Emerging and Selected Topics in Power Electronics，2016，4（3）：841-853.

第 8 章

GaN 基开关模式功率放大器

David J. Perreault，Charles R. Sullivan，Juan M. Rivas

8.1　引言

8.1.1　概述

　　射频(RF)电源在众多应用中非常重要，这些应用包括无线电发射、等离子体产生、医学成像(如 MRI)、功率转换和无线电能传输(WPT)等。高效率的开关模式功率转换技术极大地促进了这些应用的发展，但其工作频率高于传统开关模式电力电子系统中常使用的频率。值得一提的是，设计的改进以及功率半导体器件和磁性元件的进步有助于 GaN 基开关模式功率放大器在射频领域更高效地产生和传输功率。

　　本章讨论了开关模式功率放大器(或射频逆变器)的设计、控制和结构等内容，其主要针对高频(HF，3～30 MHz)和甚高频(VHF，30～300 MHz)范围。在高频和甚高频范围内，电路和器件寄生效应的管理和利用、无源元件的精心设计等对实现高效工作起着至关重要的作用。虽然集总参数电路占主导地位，但分布参数(如传输线)和射频电路技术在这些应用中同样重要。下面将讨论射频功率转换的关键内容，例如功率电路设计、射频无源元件的设计和应用、射频功率器件的选择和有效驱动以及用于调制功率和管理负载变化的控制方法。

8.1.2　"功率放大器"和"逆变器"的背景

　　为满足射频领域的典型应用需求，我们考虑设计一种可输入直流(DC)且高效生成正弦射频输出的电源转换系统。通过开关模式技术，即采用半导体器件作为开关而不使用电流源型元件，在理想情况下可实现 100% 的效率。事实上，如果使用得当，理想的开关是一种可在直流和交流之间实现无损功率转换的器件[1]。

在电力电子领域，经过功率变换将直流波形变为交流波形的开关模式电路称为逆变器，这个术语源自过去的"反向整流"[2-3]。由于"射频"逆变器的输出频率较高，因此有源开关在每个交流输出周期只能切换一次。有趣的是，这种工作模式与最早出现的逆变器电路的工作模式一致[3]。相比之下，在射频领域，将直流波形转换为（射频）交流波形的电路称为功率放大器。之所以关注功率放大，是因为在高频下传统单级可实现的功率增益（即产生的射频输出功率除以提供给晶体管栅极输入的功率）非常有限，需要多个功率放大器级联（即上一级的输出作为下一级的栅极输入）才能实现所需的输出功率。不过，随着功率半导体器件（包括 GaN 基器件）的发展，所需频率下的功率增益已不再是主要的限制因素（例如与效率相比）。一般认为谐振栅极驱动器和锥形栅极驱动器都是级联的。本章将使用逆变器和开关模式功率放大器（PA）这两个术语。

8.1.3　设计要素

我们主要关注合成（近似）正弦输出波形的功率放大器的设计。这种功率放大器可以通过多个要素分别设计，第一个要素需要考虑输出频率是否固定，以及需要在什么频率带宽上运行。在许多应用中，例如在工业、科研和医疗（ISM）应用的频带中（文献[4]，见表 8.1），工作频率几乎固定。另一个要素在于设计是否只提供固定的驱动电平，或能提供对输出功率或电压的动态可变控制（即线性控制）。第三个关键要素在于设计是只在已知的固定负载阻抗下工作，还是要适应阻抗变化较大的负载。我们将考虑这些方面的各个要素，从将单频、单振幅输出合成为固定的已知负载阻抗的设计开始。

表 8.1　ISM 频带

频带/MHz	中心频带/MHz
13.553～13.567	13.560
26.957～27.283	27.120
40.66～40.70	40.68
902～928	915
2400～5800	2450
5725～5875	5800
24 000～24 250	24.125

8.2　基本的逆变器/功率放大器拓扑

8.2.1　D 类、DE 类"图腾柱"拓扑

1. D 类功率放大器及零电压开关的设计

半桥逆变器电路是许多电力电子系统中使用的基本模块，其射频发生器采用开关模式，将半桥逆变器与调谐网络（如谐振回路）相结合，可以合成正弦输出波形，如图 8.1 所示。图中的晶体管 Q_1 和 Q_2 带有反向二极管，C_1 和 C_2 为开关寄生电容。晶体管 Q_1 和 Q_2 交替开关，每个周期内两个开关的占空比以及死区时间均相同。谐振腔对电压 $v_{Q2}(t)$ 进行滤波，产生向负载供电的正弦电流。在射频领域，晶体管电压波形近似为方波，而晶体管电流波形近似为半正弦波的多开关逆变器称为"D 类"功率放大器，图 8.1 所示的半桥逆变器是其中一类 D 类功率放大器。

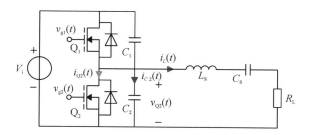

图 8.1　D 类逆变器使用谐振腔（负载）电流提供 ZVS 软开关

在图 8.1 中，当两个开关的占空比接近 0.5，并且它们的周期之间存在最小的死区时间时，输出电压 $v_{Q2}(t)$ 表现为近似方波的形态。然而，在高频条件下，每个周期内开关器件的电容放电损耗将显著增加。为了降低这些损耗，建议调整负载网络（包括谐振回路和负载），使其更具感性，并同时增加死区时间。这样的调整可以使器件在导通和关断时实现低损耗的零电压开关（ZVS 开关），从而有效提升半桥逆变器的性能和效率。

通常在关断瞬态，器件两端的电容 C_1 和 C_2 会减缓器件电压上升速率，从而降低器件关断损耗。理想的开关关断特性是电流随着持续时间 t_f 线性下降。假设关断时的器件电流为 I_L，开关两端的净电容 $C=C_1+C_2$，则关断损耗可估计为 $E_{off}=I_L^2 t_f^2/(24C)$。因此，如果电容足够大（相对于器件开关速度和负载电流而言），那么开关关断期间的电压上升，损耗可以达到最小（ZVS 关断）。为了利用这一降低关断损耗的优势并消除电容 C_1 和 C_2 的有损放电或充电引起的导通损耗，电路必须在器件零电压（或接近零电压）下导通。

如图 8.2 所示，若电流 $i_L(t)$ 的幅度足够大，且其相位远远滞后于电压 $v_{Q2}(t)$，同时适当地选择死区时间，则负载网络可以无损地将电压 $v_{Q2}(t)$ 从零充电到输入电压 V_i，一旦其反向二极管开始导通，Q_1 就有机会在零电压下导通。

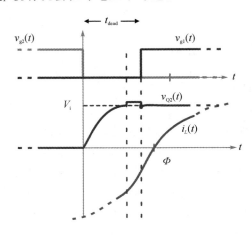

图 8.2　开关管从 Q_2 到 Q_1 的切换

该模式将在另一半周期中重复，产生如图 8.3 所示的开关模式。

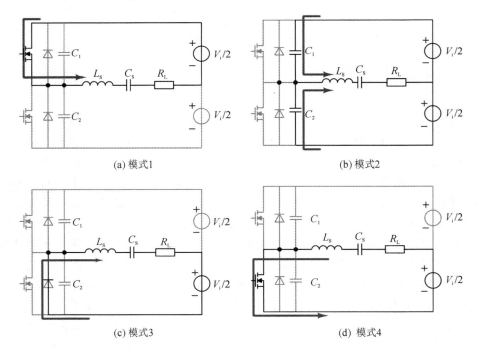

(a) 模式1 　　　　　　　　　　　　　　(b) 模式2

(c) 模式3 　　　　　　　　　　　　　　(d) 模式4

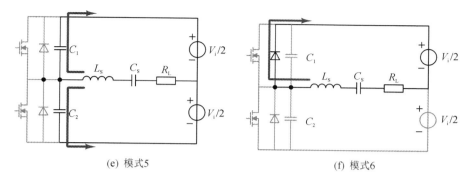

(e) 模式5　　　　　　　　　　(f) 模式6

图 8.3　D 类 ZVS 逆变器在一个完整周期内的开关模式

　　在图 8.1 所示的电路中实现零电压开关的核心在于包含一个电阻和一个净感抗的负载网络。这个网络使得电容 C_1 和 C_2 在死区时间内可以实现完全无损充电或放电。净负载电感（和图 8.2 中的相移 Φ）越小，实现 ZVS 器件导通所需的负载电流就越大（如图 8.3 所示，二极管反向导通期间可能实现 ZVS 导通）。极限情况下，负载网络阻抗和死区时间恰好使得器件在零电压和零电流时导通（即零 $\mathrm{d}v/\mathrm{d}t$），因此这类功率放大器称为"DE 类功率放大器"，如图 8.4 所示。

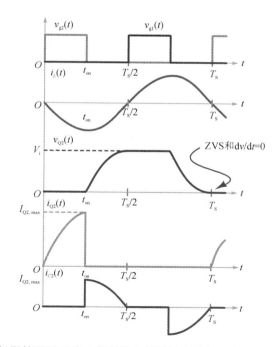

图 8.4　极限情况下 D 类电路的零电压开关充放电以实现 ZVS 的波形图

由于"DE 类"功率放大器与后续部分中介绍的 E 类功率放大器密切相关，因此又称为"DE 类"开关模式。在占空比和负载阻抗的特定组合条件下进行 DE 类模式工作，可使负载电流在输入器件以零电压导通时达到零。该模式的优势在于降低了器件在导通时间内对效率的敏感性。文献[5]中给出了 ZVS 工作下允许的阻性及感性负载范围的详细信息。若负载网络具有足够的品质因数(X_L/R_L)以确保负载电流近似为正弦波形，则 DE 类开关极限情况下实现零电压开关的有效净负载阻抗范围的轨迹图如图 8.5 所示，同时图中也给出了允许的负载阻抗范围在总器件容抗 $R' = R_L \cdot 2\pi f(C_1 + C_2)$ 和 $X' = X_L \cdot 2\pi f \cdot (C_1 + C_2)$ 下的归一化值。文献[5]还描述了使用匹配网络将给定的负载阻抗范围映射到图 8.1 中 D 类 ZVS 功率放大器的 ZVS 开关范围的方法。

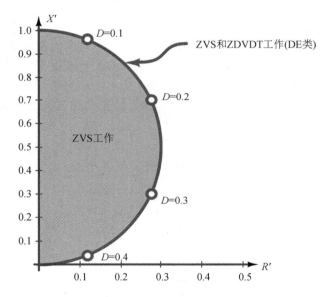

图 8.5　DE 类开关极限情况下实现零电压开关的有效净负载阻抗范围的轨迹图

虽然图 8.1 中的 D 类逆变器有着更高的效率并且被广泛使用，但其主要缺点是 ZVS 高度依赖于负载阻抗及谐振回路特性。将软开关所需的负载与电源传输所需的负载分开有利于设计，也使工作范围更加灵活。如图 8.6(a)所示，电容 C_A 和 C_B 将母线电压分压，使得分流电感 L_x 在晶体管导通期间可以线性充电和放电，这为 ZVS 软开关提供了准三角形电流 $i_x(t)$。该电流为正向时，在开关切换时达到最大值，其峰值大小与输入电压 V_i 线性相关。因此，这种方法使实现软开关的电流不受输出网络（电阻）负载变化的影响。这种设计的优点在于软开关电流分量是固定的。在基波频率处将负载调整为阻性，可以使逆变器负载不需要的无功分量最小化。需要注意的是，还有许多方法可以为 ZVS 开关提供分流电流，如图 8.6 所示（如利用变压器的励磁电感将逆变器连接到负载网络，为软开关提供电流）。

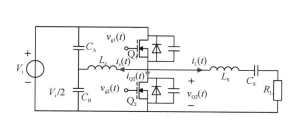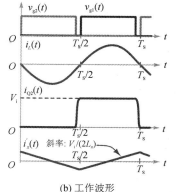

(a) 用于软开关的带有分流电感的D类ZVS逆变器　　(b) 工作波形

图 8.6　D 类 ZVS 逆变器结构图与工作波形

2. D 类 ZVS 逆变器的高频设计注意事项及限制

将 D 类逆变器应用于甚高频率下存在诸多原理上的限制，例如高端浮地开关管的栅极信号电平位移，以及如何保持两个开关之间所需的时间精度等实际挑战。图 8.2 和图 8.6(b) 中的开关驱动波形的时序约束对电平位移和栅极驱动提出了要求，随着电压和频率的增加，这些要求愈加难以满足。虽然在某些情况下可以使用基于变压器的电平位移[6]，但高性能的设计仍然普遍采用数字隔离器及其相似电路。表 8.2 给出了多种用于高 dv/dt 电平位移的数字隔离器和栅极驱动器的特性。

这些控制电路的基本特性使其在高频下可实现的性能受到制约。第一个挑战是实现栅极驱动信号从参考地电平到高端浮地电平的可靠切换。要实现这一点，必须有一个具有大共模瞬态抗扰度(CMTI)的电平位移电路。这个电路既能够正确传输栅极驱动信号，也能够承受电压 $v_{Q2}(t)$ 的高 dv/dt，其中 $v_{Q2}(t)$ 用于控制高端浮地器件 Q_1 的参考电位(在高压侧使用互补器件可以克服这一难点，但通常没有合适的器件可用)。虽然许多传统电平位移电路的 CMTI 很差(甚至没有明确说明)，但目前电平位移电路的 CMTI 额定值仍可超过 50 V/ns。

表 8.2　用于高 dv/dt 电平位移的数字隔离器和栅极驱动器的特性

器件	最低 CMTI /(kV/μs)	传播延迟 /ns	延迟偏移 /ns	最小脉宽 /ns	脉冲宽度失真 /ns	隔离电压 /V
Silicom Labs Si8620BT	60	8(典型值) 13(最大值)	0.4(典型值) 2.5(最大值)	5	0.2(典型值) 4.5(最大值)	5000
NVE IL711[a]	30	10(典型值) 15(最大值)	4(典型值) 6(最大值)	10	0.3(典型值) 3(最大值)	5000
ADI ADUM210	75	6.8(典型值) 14(最大值)	7(最大值)	6	0.7(典型值) 3(最大值)	5000

器件	最低 CMTI /(kV/μs)	传播延迟 /ns	延迟偏移 /ns	最小脉宽 /ns	脉冲宽度失真 /ns	隔离电压 /V
TI ISO721M	25	10(典型值) 16(最大值)	3(最大值)		0.5(典型值) 1(最大值)	4000
TI ISO7810	100	10.7(典型值) 16(最大值)	1(最大值)		0.6(典型值) 4.6(最大值)	2000
AVAGO HCPL-0900	15	10(典型值) 15(最大值)	4(典型值) 6(最大值)		2(典型值) 3(最大值)	2500
TI LMG1210[b]	150	17(最大值)	0.3(典型值) 1(最大值)	4	1(典型值) 3(最大值)	200

注：a 表示部件具有不确定启动状态；b 表示半桥驱动。

除 CMTI 限制之外，进一步限制频率的因素是开关管栅极充、放电所需的时间，以及电平位移电路和驱动器造成的延迟。这些都会影响栅极驱动导通、关断两个波形的可实现性。如表 8.2 中所示，电平移位器沟道之间的差距和位移信号的脉冲宽度失真基本在纳秒数量级，且通常几纳秒的最小脉冲宽度就能使栅极驱动电压发生变化。考虑到较长的时间常数和较大的高压器件总电荷，通过驱动晶体管栅极电容造成的开关转换时间影响更大。（与以前经常使用的金属栅 Si 基器件相比，可以肯定，包括 Si 基 GaN 器件和 SiC 基器件在内的宽禁带器件在栅控方面取得了进步。）D 类逆变器通常工作在开关模式，在防止桥臂直通并且避免丢失 ZVS 从而产生开关损耗的前提下，开关器件驱动信号的上下沿时间及其抖动变化范围限制了开关频率的上限。在目前可用的电平位移电路和器件中，在数十至数百伏范围内，这些因素将 D 类逆变器的最大实际开关频率限制在几十兆赫兹内。为了在 HF 和 VHF 范围内实现更高的效率和性能，通常会采用单开关逆变器或不需要电平位移的多开关逆变器，后续小节中将进行介绍。

8.2.2　单开关逆变器

当开关频率高于数十兆赫兹时，由于栅极驱动电路中的板级寄生、时序延迟和 CMTI 限制等会对电路性能产生不利影响，D 类逆变器的结构设计变得非常困难，甚至无法实用。在这些频率（约大于 10 MHz）下，更适合使用单个接地功率半导体器件的拓扑，如 E 类、F 类、E/F 类和 Φ_2 逆变器拓扑。单开关谐振拓扑的优势包括以下几点：① 无需同步多个信号；② 死区时间设置不当不会导致直通击穿；③ 不需要浮栅驱动信号。这些特性还促进了谐振栅极驱动技术的发展，该技术在较高的频率下具有效率优势。

1. E 类 RF 逆变器

1975 年，Sokal 等人[7]推出了 E 类逆变器，如图 8.7(a)所示。选择合适的谐振网络器

件值可以实现两个主要目标：① 晶体管 ZVS 导通时满足 $v_q(t)\big|_{t=t_{on}}=0$；② 晶体管导通期间实现零 dv/dt（ZDVDT），即满足 $\dfrac{dv_q(t)}{dt}\bigg|_{t=t_{on}}=0$。

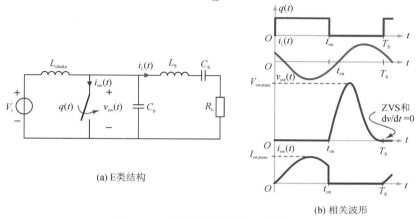

(a) E类结构

(b) 相关波形

图 8.7　E 类逆变器结构与工作波形

　　虽然目标①显著降低了器件导通时的开关损耗（理想情况下，ZVS 消除了开关损耗），使器件能够在高频下工作，但目标②在栅极驱动信号缓慢、时序错误甚至抖动时仍可确保器件损耗保持在较低水平。实现 ZDVDT 时可以使用上升/下降时间相对较长的栅极驱动信号。在 ZDVDT 条件下，可以使用具有切换时间的栅极驱动信号，该信号可以在大部分开关周期内保持，而不会产生过多的开关损耗。这一特性使得 E 类设计特别适合于谐振驱动技术，该技术的特点是以栅极速度换取栅极损耗。由于 E 类逆变器可在高开关频率下高效运行且设计简单，因此它是数十吉赫兹以上射频设计中的常用选择。

　　传统的 E 类放大器电路包含一个接地开关管，通过一个大的电感 L_{choke} 连接到输入电源。在开关频率下，由于电感 L_{choke} 的阻抗较大，导致输入电流纹波较小，因此，通过电感 L_{choke} 的电流可视为恒定电流。图 8.7(a) 中的谐振元件 C_p、C_s 和 L_s 以及负载形成了一个可调的谐振腔电路，并通过实现 ZVS 来减少开关中的电容放电损耗。然而，这需要合理选择 L_s、C_s 和 R_L 的值，且该阻抗网络在开关频率下呈现为感性。在众多实际应用中，比如在 D 类逆变器中可以将开关器件的寄生电容并入 C_p 中。在开关器件的关断过程中 C_p 扮演了非常重要的角色，可以通过设置合适的条件来实现 ZVS 和 ZVDT。在低失真应用中，通常采用较高负载品质因数（Q_L）的谐振槽，尽管较大的 Q_L 往往会降低效率。

　　假设 Q_L 较大（如 $Q_L>10$）且 $t_{on}=\dfrac{1}{2f_s}$，其中 f_s 为开关频率，则实现 ZVS 和 ZDVDT 的 E 类 RF 逆变器谐振元件的值可表示为[8]

$$L_s=\frac{Q_L R_L}{2\pi f_s} \tag{8.1}$$

$$C_s = \frac{1}{2\pi f_s(Q_L - 1.1525)R_L} \tag{8.2}$$

$$C_p = \frac{1}{34.22 f_s R_L} \tag{8.3}$$

理想 E 类逆变器的典型波形如图 8.7(b)所示。开关导通时，$v_{sw}(t)$ 在 $t = T_s$ 时实现 ZVS 和 ZDVDT。结合式(8.1)、式(8.2)和式(8.3)得到的元件值，传递给负载的功率为 $P_o \approx \dfrac{0.576 V_i^2}{R_L}$。

与其他 RF 功率放大器拓扑相比，E 类功率放大器的开关电压和电流(图 8.7(a)中的 $v_{sw}(t)$ 和 $i_{sw}(t)$)相对较高，当 $t_{on} = \dfrac{1}{2f_s}$ 时，电压理论峰值为 $3.6V_i$(即图 8.7(b)中的 $V_{sw,max}$)，可以实现 ZVS 和 ZDVDT。在实际应用中，由于开关器件寄生电容的非线性特点，其开关电压峰值 $V_{sw,max}$ 可以很高，通常达到约 $4V_i$。在额定条件下，开关电流峰值为 $I_{sw,max} \approx 1.7 \times \dfrac{V_i}{R_L}$。文献[9]中给出了 E 类功率放大器设计中谐振元件选择的设计表格和方程，同时还列出了在不同占空比和 Q_L 值下开关的峰值电压和电流值以及其他性能指标。文献[10]对 E 类逆变器的实际调谐提供了很好的见解。

值得注意的是，经典 E 类功率放大器的主要损耗通常包括谐振电感损耗、栅极驱动损耗、器件开态导通损耗以及因为器件电容损耗产生的器件关态导通损耗(即所谓的 R_{oss} 损耗，其得名于器件输出电容 C_{oss} 的等效串联电阻)。当器件电容占总电容 C_p 的很大一部分时，由于器件输出电容的等效串联电阻通常大于开态电阻，故关态损耗可能占了总损耗的主要部分。同样地，由于器件结构和工作频率不同，栅极驱动损耗也可能很大。在一定程度上，这也可以通过谐振栅极驱动来缓解[11-13]。

当 $f_s = 30$ MHz，$R_L = 1\ \Omega$，$Q_L = 15$ 时，利用式(8.1)、式(8.2)和式(8.3)可调整 E 类逆变器，其 LTSpice 仿真波形如图 8.8 所示。其中 $V_i = 10$ V，$t_{on} = 16.66$ ns，$L_{choke} = 10\ \mu$H，$L_s = 79.5$ nH，$C_s = 383$ pF，$C_p = 974$ pF。注意 $V_{sw,max} = 3.6\ V_i$ 时，ZVS 和 ZVDT 已经实现。在仿真中认为开关是理想的，图 8.8 中从上到下分别为 $V_{gs}(t)$、$i_L(t)$、$v_{sw}(t)$、$i_{sw}(t)$、$i_i(t)$。

对于其他的谐振式开关功率放大器，同时实现 E 类逆变器 ZVS 和 ZDVDT 的条件通常只有一个工作点。即使是相对较小的元件值变化也可能导致开关无法实现 ZVS，从而增加了功率放大器的开关损耗。在图 8.7(a)所示的 E 类逆变器中，负载 R_L 作为谐振腔电路的一部分，可以通过设置来实现 ZVS。图 8.9 所示为 E 类逆变器中 R_L 在 0.5～2 Ω 范围内的漏极电压(v_{sw})和漏极效率仿真波形。需注意，当 R_L 值大于标称值 1 Ω 时，逆变器无法实现 ZVS，导致开关损耗增加，效率降低。

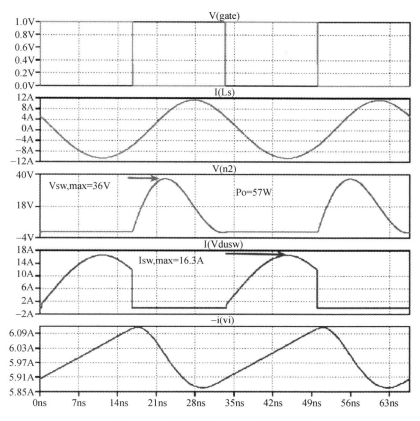

图 8.8　E 类电路的 LTSpice 仿真波形

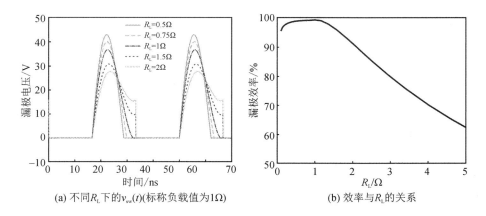

(a) 不同R_L下的$v_{sw}(t)$(标称负载值为1Ω)　　(b) 效率与R_L的关系

图 8.9　E 类逆变器(图 8.8)的性能随负载电阻变化的仿真

高负载品质因数(Q_L)也会将 E 类逆变器的有效工作范围限制到一个狭窄的频率区间。如图 8.10 所示,当开关频率偏离标称设计值(30 MHz)时,E 类逆变器的漏极电压波形(图 8.8 中的 $v_{sw}(t)$)发生了失真,并迅速丢失 ZVS。

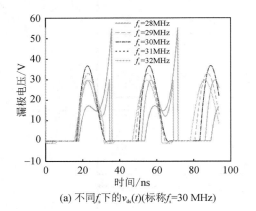
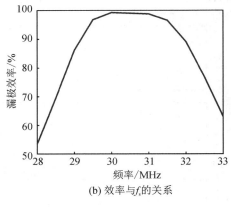

(a) 不同f_s下的$v_{ds}(t)$(标称f_s=30 MHz)　　　(b) 效率与f_s的关系

图 8.10　E 类逆变器的性能随开关频率变化的仿真

2. 不同负载下 E 类逆变器的 ZVS 工作特性

E 类逆变器可以通过选择合适的元器件使其在很大的负载变化范围内保持 ZVS[14],但这可能会失去 ZDVDT 的优势(这是除 8.2.4 节所述限制负载变化的另一种方法)。文献 [14]中讲述的方法能够使 E 类逆变器在一个宽的感性/阻性负载范围内保持软开关,从原理上来讲,可以通过增加谐振元件,并将谐振元件与电路中现有元件结合在一起来实现。在传统的 E 类逆变器设计中,输入电感 L_{choke} 较大,对通过谐振方式调整漏极电压来实现 ZVS 不起作用。

如果用更小的电感代替 L_{choke}(文献[14]中的 L_F),那么输入电感与回路中的其他元件谐振,会在较宽的 R_L 范围内实现 ZVS。降低输入电感会增加电路中的环流,从而影响效率,但这也提供了更宽的负载范围,同时具有更快的动态响应。

3. 高阶调谐

在 E 类逆变器中,漏极峰值电压可达到或超过 3.6 倍的输入电压 V_i[7]。半导体器件的额定耐压值决定了其安全输入电压。根据特定应用的电压降额准则,使用商用 650 V 的 GaN 基器件时,E 类射频放大器的最大输入电压约为 160 V 及以下。通过重新调整 E 类电路的相关参数,可以少量降低漏极峰值电压,也可以用一个更小的 L_F 与电路网络中的 C_p 和其他谐振元件相互作用以取代 L_{choke},从而在受半导体器件中最大应力电压限制的情况下保持 ZVS。这在某种程度上类似于文献[14]中的调谐方法,将 ZVS 范围扩展到更大的负载范围。这两种调谐方法均利用谐振网络的可用自由度实现了传统 E 类开关模式中 ZDVDT

的 ZVS，并扩大了 ZVS 的范围或降低了开关峰值电压。

通过引入更多谐振元件，有可能进一步降低 RF 逆变器中开关管两端的峰值电压。在开关频率（或接近开关频率）处外加陷波器（或谐振腔）可以将最大开关电压降低到约 $2V_i$。这种调谐方法可用于 F 类功率放大器，其中晶体管在部分射频周期内作为电流源（类似于 AB 类等其他线性射频功率放大器），但需使用多个调谐滤波器来改变开关电压的谐波含量，以提高漏极效率。随着漏极电压波形中包含的谐波越来越多，当开关电压波形开始接近正方形时，功率放大器的漏极效率会有所提高[15]。

类似的概念也可应用于开关模式功率放大器的设计中，其中谐振元件在改变开关电压或电流波形以满足特定性能方面发挥着关键作用。例如，图 8.11(a)所示的 Φ_2 类（或 E/F_2 类）射频功率放大器利用调谐后的谐振元件（L_{MR}、C_{MR}）在开关频率的二次谐波处短路[12, 16]。如图 8.11(b)所示，在保持 ZVS 和 ZVDT 的同时，L_{MR}、C_{MR} 结合 L_F、C_p 以及开关的漏源电容形成漏极节点的"关断"阻抗，可以对开关器件的电压进行整形，从而将其峰值电压限制在 $2V_i$ 左右。

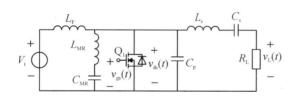

(a) Φ_2类射频功率放大器示意图

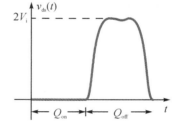

(b) Φ_2类射频功率放大器漏极电压

图 8.11　Φ_2 类射频功率放大器示意图及其波形

文献[12]和[16]中所述的调谐过程从图 8.12(a)所示的集总参数网络开始，并选择在开关频率的二次谐波处使 Z_{in} 短路且在基波和三次谐波处使 Z_{in} 开路的数值。调谐网络的阻抗 Z_{in} 如图 8.12(b)所示，这只是图 8.12(a)中逆变器元件的初值。在随后的调谐步骤中，调整 L_F 和 C_p

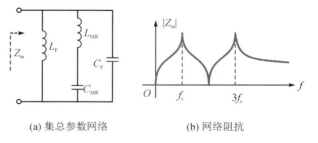

(a) 集总参数网络　　(b) 网络阻抗

图 8.12　集总参数网络及网络阻抗

的值以及由 L_s、C_s 和 R_L 构成的输出谐振网络，使漏极阻抗 Z_{ds} 在 f_s($0<\angle Z_{ds}<+90°$)处呈感性，在 f_s 三次谐波($-90°<\angle Z_{ds}<0°$)处呈容性。作为附加约束条件，在 $3f_s$ 处阻抗 Z_{ds} 的幅值比在基波处 Z_{ds} 的幅值要低。在 f_s 处的感性阻抗是实现 ZVS 的必要条件。开

关峰值电压和近似 ZDVDT 由 $3f_s$ 处的 Z_{ds} 决定。阻抗幅值比（基波和三次谐波之间）对漏极电压波形的影响如图 8.13 所示，该图给出了三种情况下的漏极阻抗和漏极电压仿真值，这三种情况在基波处具有相同的阻抗，但在 f_s 三次谐波处具有不同的电感值[12]。这种调谐方法有效地生成了由基波和三次谐波分量构成的近似梯形的漏极电压。另外，值得注意的是，这类放大器还可以通过调谐提供宽负载范围能力[14]，且通过其他次谐波调谐可实现开关管电压和电流之间的折中。

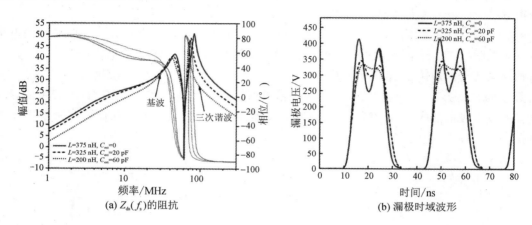

图 8.13 三种调谐情况的仿真比较

4. 单开关高频逆变器的栅极驱动器

在设计开关模式的射频逆变器时，要重点考虑栅极驱动。图 8.14 为传统 PWM 和谐振转换器中常用的低侧栅极驱动的简化示意图。S_a 和 S_b 交替工作，使 $v_{sw}(t)$ 具有快速上升/下降时间。为了防止线路和封装寄生参数引起的振荡，通常采用阻尼电阻 R_{ext} 来抑制。

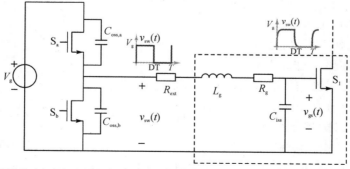

注：R_g、C_{iss} 和 L_g 分别代表内部栅极电阻、电容和寄生电感；R_{ext} 表示消除栅极振荡的外部电阻；$C_{oss,a}$ 和 $C_{oss,b}$ 分别表示栅极驱动电路的高侧和低侧开关器件的输出电容。

图 8.14 简化的"硬开关"栅极驱动原理图

该驱动方案的栅极驱动损耗为 $P_{g, loss} = f_s V_g Q_g$，其中 f_s 为开关频率，V_g 为栅极驱动电压，Q_g 为 MOSFET 的总栅极电荷。在本章所述的谐振功率放大器电路中，ZVS 在本质上可以降低开关损耗。由于减小了器件 V_{gs} 与 Q_g 关系中的密勒平台，ZVS 在一定程度上降低了栅极驱动损耗。但由于图 8.14 电路中的栅极驱动损耗与 f_s 呈正比，因此在高频下 $P_{g, loss}$ 可能会变得异常高。

在高频下减少栅极损耗的一种方法是使用谐振技术驱动开关器件[17-19]。例如，可简单地用正弦电压驱动栅极（见图 8.15），当器件的 $R_g C_{iss}$ 乘积比开关周期短时，不需要额外的元件即可显著降低器件中的栅极损耗。图 8.15 的驱动电路损耗为 $P_{g, sine} = 2\pi^2 (C_{iss} V_{gs, max} f_s)^2 R_g$。正弦栅极驱动本身具有相对缓慢的上升/下降时间，适合用漏源电压实现 ZDVDT 的单开关功率放大器，如 E 类和 E/F(Φ_2) 类功率放大器。该栅极驱动电路实际上是采用了一个用正弦波驱动的低功率 E 类功率放大器（由 C_{iss} 和 R_g 组成）。其他驱动方案则是将无源元件连接到场效应晶体管（FET）的漏极，形成一个自激振荡正弦驱动[11]。功率放大器中 FET 的有效"导通"时间取决于阈值电压，而阈值电压可以通过在栅极增加直流偏置来调节。当选择这种类型的谐振栅极驱动器时，另一个考虑因素是，缓慢上升的栅极电压意味着电路中具有更高的导通损耗，这是因为 FET 在开关周期的大部分时间内可能没有完全导通[12]。施加在 FET 栅极上的负栅源电压会限制该栅极驱动器在某些类型的开关器件中的应用。

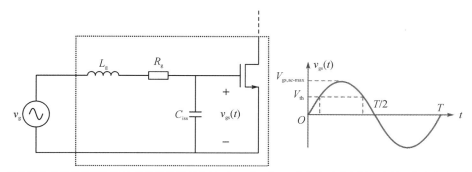

注：开关管的有效导通时间取决于器件的阈值电压。R_g、C_{iss} 和 L_g 分别表示内部栅极电阻、电容和寄生电感。

图 8.15　简化的正弦栅极驱动原理图

梯形谐振栅极驱动器是另一种单开关功率放大器驱动方案，它克服了正弦驱动器的一些缺点。该驱动器有更快的上升/下降时间，根据具体情况可在器件栅极上施加较小的负压[20]或零电平[12, 13, 21]。当使用图 8.16 所示的梯形波形 $v_{gs}(t)$ 驱动 FET 时，栅极损耗为

$$P_{g, trap} = C_{iss}^2 V_{gs, max}^2 R_g \left[\frac{1}{t_r} + \frac{1}{t_f} \right] f_s$$

其中，t_r 和 t_f 分别为 $v_{gs}(t)$ 的上升时间和下降时间。

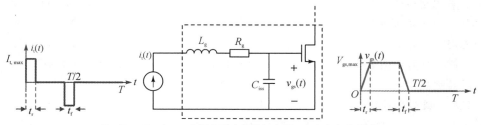

注：R_g、C_{iss} 和 L_g 分别表示内部栅极电阻、电容和寄生电感。

图 8.16　简化的梯形栅极驱动原理图

图 8.17 所示为简化的谐振梯形栅极驱动器原理图。该电路基于 Φ_2 逆变器，并遵循类似的调谐过程。该电路中 L_g、R_g 和 C_{iss} 形成的谐振频率明显高于 f_s，所以 S_1 栅极阻抗是容性的。在这种情况下，C_{iss} 和 Q_{aux} 的器件电容充当了 C_F，用于调谐过程[12]。

即使采用 Si 基器件，正弦和梯形栅极驱动电路也可以使开关模式功率放大器的频率达到 100 MHz[12-13]。与类似规格的 Si 基器件相比，GaN 基器件具有相对较低的 Q_g 和 R_g，且栅极驱动设计更简单，在许多情况下传统的驱动电路就已足够。

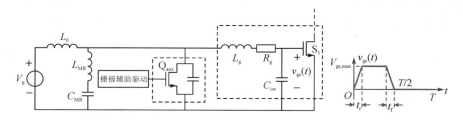

注：R_g、C_{iss} 和 L_g 分别表示内部栅极电阻、电容和寄生电感。

图 8.17　基于 Φ_2 逆变器的谐振梯形栅极驱动原理图[12]

8.2.3　多开关设计

D 类"半桥"功率放大器利用两个开关互补的工作方式提供所需的输出波形，但其在时序和电平转换方面仍面临挑战[2]。E 类和其他单开关功率放大器利用一个共地开关管和无源元件来实现波形整形，克服了时序和电平转换的困难。然而，这些设计存在各种限制。例如，由于实现软开关的调谐约束而造成的高器件应力、负载和频率范围限制。多开关功率放大器介于这些方法之间，它利用多个异相（通常为 $180°/N$，N 为晶体管个数）工作的共地开关管实现功率从单个开关子系统组合到单个输出（例如，在 $N=2$"推挽"情况下，从两个子系统获取差分输出）。这些设计通常可以充分利用单开关子系统的相互作用来实现比单开关功率放大器更高的功率和效率。

众所周知，多开关的功率放大器又称为电流模式 D 类功率放大器（及其变种）[15, 22]。图

8.18 所示为电流模式 D 类逆变器的拓扑结构及相关波形,其中馈电电感 L_F 较大且流过它的电流可近似为恒值。两个晶体管工作在大约 50% 的占空比条件下并错相 $180°$,晶体管漏极之间采取差分输出。对于这种情况,在开关频率下,谐振电感 L_r 被调节为与电容 $C_r + C_s$ 发生并联谐振,从而输出正弦电压,而每个晶体管承载振幅为 πV_i 的半正弦波电压,且流过近似为方波的电流。这种设计在已知 dv/dt 的情况下自然地实现了零电压开关,并能在很宽的负载电阻范围内保持零电压开关,但其对无功负载变化很敏感。此外,这种设计可以自然地并入器件输出电容(输出电容占谐振电容的很大一部分)。当器件输出电容较小时,器件电流波形本质上近似为方波,可实现低有效值的电流应力;由于器件电容 C_s 在总电容中所占的比例越来越大,因此,器件电流在开关管导通时较低,在开关管关断时较高。如果使用变压器(或平衡器)将差分转换器转换为单端输出(接地参考),则电感 L_r 将并入变压器的励磁电感。最终,可以通过降低电感 L_F 的值使其成为谐振腔的一部分。

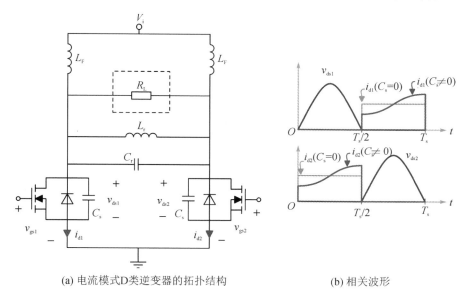

(a) 电流模式D类逆变器的拓扑结构   (b) 相关波形

图 8.18　电流模式 D 类逆变器的拓扑结构及其相关波形

　　基于多种调谐方式,可实现具有两个晶体管的多开关功率放大器("推挽"放大器),如 E 类和 Φ_2 类等功率放大器[15, 23-25],有时还可将四个或更多功率放大器组合起来使用[26-27]。与单晶体管设计相比,这些多开关功率放大器具有更好的波形管理能力(例如,利用子系统之间的交错移相来抵消电压和电流),可实现的功率更高;与同相并联的功率放大器相比,其元件更少,尺寸更小。

　　多开关放大器的关键在于利用子系统之间的相互作用使设计更具优势。例如,在两开关"推挽"放大器中,两个放大器的子系统分别在半个周期异相运行,使其电压和电流的偶次谐波分量同相，而其基波和奇次谐波分量异相。通过适当地选择两个子系统之间的阻抗耦合（见图 8.19），可以使用比单端设计中数量更少、尺寸更小的元件对每个子系统进行有效控制。例如，在图 8.18 所示的电流模式 D 类逆变器设计中，由于晶体管漏极电压的偶次谐波分量同相，因此没有驱动电流通过差分连接的谐振腔和负载，而基波和奇次谐波电压分量则根据谐振腔和负载构成的差分阻抗决定电流的流向。由此实现了每个子系统偶次谐波电压分量的滤波。更广泛地说，与单端开关相比，多开关设计可通过选择子系统的相对相位和互连阻抗来实现性能改进[15, 23-27]。

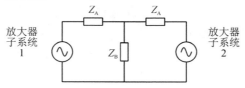

(a) 通过阻抗网络互连的多开关放大器子系统

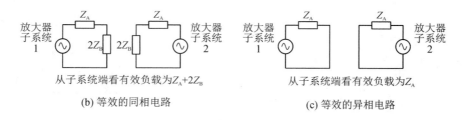

(b) 等效的同相电路　　　　　　　　　　　(c) 等效的异相电路

图 8.19　多开关放大器的子系统及其模型

多开关放大器有时也用于倍频模式，其中子系统的基波开关频率分量相互抵消并将增强的谐波分量传送到输出端[28-29]。当所需输出频率高于所用半导体器件的可实现频率时，仅向输出端提供谐波功率会损失效率，因此通常采用倍频模式。然而，倍频有时也用作第二辅助工作模式，以在输出端扩展电压范围[30]。

出于多种考虑，为实现比单级功率转换更高的功率，可以采用具有多个开关的单功率放大器，也可以采用由单输出构成的多功率放大器。此外，还可以利用单个功率放大器或子系统之间的相互作用来补偿负载阻抗的变化[31]（如保持软开关工作）或控制输送到输出端的功率（如通过异相），具体控制方法如下所述。

8.2.4　功率控制技术

开关模式功率放大器系统的一个关键设计要素在于控制输出功率。在使用晶体管作为电流源的"线性"功率放大器时，增加射频输入驱动幅值可直接增加射频输出。相比之下，开关模式系统中需要其他输出功率控制方法来进行控制[32]。这里首先考虑两种广泛用于输出功率可调的开关模式放大器系统中的技术，即"异相调制"和"漏极调制"，然后简要地描述一些会用到的附加机理，并简要介绍应对负载阻抗变化的方法。

1. 异相调制

在开关模式射频放大器中，一种广泛用于控制输出功率的技术被称为异相调制[33]。该术语由 Chireix 在 1935 年的经典论文[34]中提出，它在电力电子领域有时被称为移相控制。如图 8.20 所示，异相系统包括两个或多个开关模式功率放大器，每个开关模式功率放大器通过组合网络耦合到负载上。将功率放大器看作交流电压源，将组合网络与负载看作线性网络，显然负载处的净电压等于输出电压对单个功率放大器输出信号的响应（矢量）之和。通过控制两个（固定振幅）功率放大器的相对相位可以调制输出电压，从而调制输出功率。

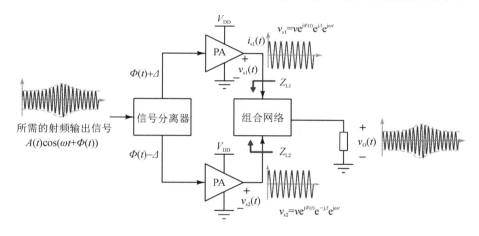

图 8.20　使用两个功率放大器和组合网络构成的异相系统

异相系统可以根据功率组合网络的特性来分类，也可以根据单个功率放大器的有效负载阻抗随合成输出振幅的变化来分类（放大器的有效负载阻抗是两个有源功率放大器输出电压与电流的复数比，它是功率放大器在工作期间"看到"的阻抗）。实现异相调制的第一种方法是使用"隔离"功率合成器，其中每个放大器输出端的负载阻抗是恒定的，与功率放大器的净输出振幅和相对相位无关。当已知负载阻抗和功率放大器的性能对其（单个）负载的变化非常敏感时，这种方法非常有用。当然，若单个功率放大器的负载恒定（从而提供恒定的输出功率），则组合网络必须提供一个通路来传递功率，以便在输出被调制时不向负载传送功率。通常，"隔离"电阻用于吸收未输送至负载的功率。然而，在实际设计中，大部分隔离功率通过整流网络被回馈到直流输入电源中[35]。

从效率角度来看，更有意思的是使用无损"非隔离式"功率组合器，这种组合器使用无功元件、变压器或传输线将功率放大器耦合到负载。在最简单的情况下，负载可以在功率放大器的输出之间差分耦合，以使两个功率放大器输出电压的差值出现在负载上。然而，这种组合器向负载提供了某种类型的"等比例缩放矢量和"的功率放大器输出（由于这种组合器通常是互易的，因此负载净响应被反馈在功率放大器输出处）。组合器本质上允许在负载处叠加各个功率放大器输出的响应，以便通过功率放大器之间的相移来控制输出波形的净幅度和相位。

无损功率组合器的一个重要设计考虑因素是功率放大器中的有效负载阻抗（或导纳）随着输出幅度的调制而变化。图 8.21 所示为简单无损组合器，当两个放大器同相时，两个放

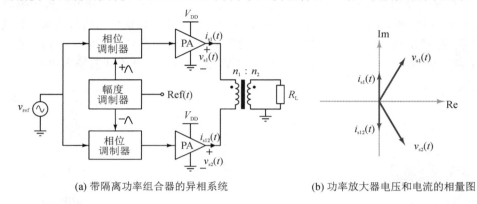

(a) 带隔离功率组合器的异相系统   (b) 功率放大器电压和电流的相量图

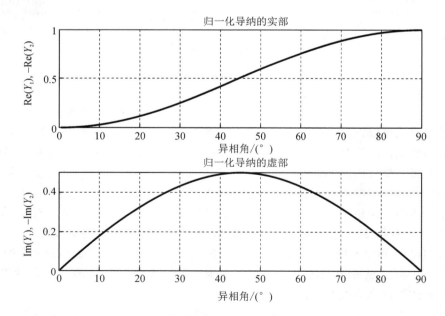

(c) 功率放大器中负载导纳的实部和虚部

图 8.21　带隔离功率组合器的异相系统及其相量图

大器中的有效负载导纳为零并且导电，没有电流流过负载；当两个放大器完全异相时，负载电压和功率最大化，负载导纳再次呈现导电特性。由于相位可以从同相逐步变化为异相，因此输出电压和功率可以被连续调制。这种功率变化可反映为每个放大器有效电导的变化。由于各个功率放大器的电压和电流之间存在相位差，故"超前"功率放大器（即具有超前相位的功率放大器）可以显示其电纳的电容分量随输出幅度的变化情况，而"滞后"功率放大器则只显示有效负载电纳的电感分量。功率放大器的负载变化是这种异相系统调制输出功率方式的关键特征。实际上，这种变化有时被称为功率放大器的"负载调制"。（异相是实现负载调制的多种方式之一。）

虽然导纳（阻抗）中的导电（阻性）元件的负载调制对于调制上述放大器中的输出功率至关重要，但对许多处于高频开关模式的功率放大器来说，电纳性（无功）负载元件可能会影响相关的输出变量。合理设计组合器网络，为所选功率放大器提供合适的负载特性是异相系统的关键目标。例如，在经典的 Chireix 功率组合器[34]中添加了固定的互补节点电纳（或串联电抗），以抵消部分异相期间有效导纳（阻抗）的电纳性（无功）分量，如图 8.22 所示。通过适当选择这些导纳可以降低给定异相范围内的平均或最坏情况下的电纳性负载，使功率放大器负载看起来更像异相范围内的可变电阻器。同时可根据需要在功率放大器内提供额外的电纳性/无功负载，使其工作在理想情况（例如，保持 ZVS 软开关的电感负载）。另外，还可以使用其他异相组合器和方法为功率放大器提供更好的负载特性。如文献[36]～[39]所示，利用"多路"异相（使用两个以上的放大器）和适当的无损组合器可以在非常宽的异相范围内实现功率放大器近乎阻性的负载特性。

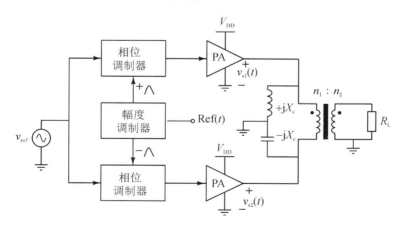

图 8.22　一种 Chireix 功率组合器

由此可以得出结论：当使用适当的功率放大器和组合器时，异相控制可以提供一种非常有效的方法来调制开关模式功率放大器系统中的输出功率。

2. 漏极调制

另一种广泛用于控制开关模式射频放大器系统输出功率的技术是"漏极调制"或"电源调制"。若将开关模式放大器视为"开关线性系统",显而易见,交流电压和电流(即系统输出)的幅度响应与直流电源电压的输入呈正比。因此,可以通过改变直流电源电压来调制开关模式放大器的输出功率。(这被认为是调制晶体管"漏极"偏置,因此称为漏极调制。)为实现上述目标,可以主动控制 DC-DC 转换器,为功率放大器提供电源电压(称为电源调制器或漏极调制器),并利用功率放大器将具有变化幅度的直流电源信号转换为具有相应变化幅度的射频电压信号(见图 8.23)。

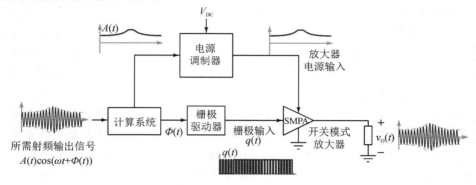

图 8.23 开关模式放大器的漏极(或电源)调制

考虑到所需的射频输出信号可能有不同的幅值和相位(如用于通信),可以使用漏极调制来控制射频输出幅值以及使用功率放大器栅极驱动信号的相位来控制射频输出相位。这种通信方法的实施至少可以追溯到 20 世纪 50 年代[40],也被称为"包络消除和恢复"(EER)。如今,它通常被称为"包络跟踪",可用于显著提高开关模式和线性模式放大器的效率[41-45]。

实现包络跟踪的第一个挑战是电源电压在实际中可以被调制的动态范围。由于功率放大器内部电容是非线性的,因此,在功率放大器性能下降之前,电源电压通常只能在有限的范围内进行调制。为解决这一问题,在一些系统中,电源电压仅在某个有限范围(如 4:1)内进行调制,若低于该范围,则可以使用一些其他的辅助手段(如异相或功率放大器的线性工作等)来调制射频输出功率。实现包络跟踪的第二个挑战与带宽有关。如果输出包络只需要缓慢调制,则可以直接实现电源调制(如作为降压转换器)。对于诸如通信之类的应用,所需的控制带宽可能相当高(例如,LTE 信号需要高达 20 MHz 的带宽),但这么高带宽的电源调制很难实现。因此,对于较高带宽的情况,电源调制器的效率可能会受到影响,并且在某些情况下,电源调制器的开关模式转换需要采用线性放大器来增强,以达到包络信号所需的控制带宽,而这往往会降低包络跟踪在超高带宽射频输出应用中的优势。

漏极调制的另一种方法是"离散"漏极调制，其中电源调制器仅在多个离散电平之间切换，以便为功率放大器提供供电电源。一些调制输出功率的辅助手段（如异相）用于在离散的射频输出功率之间进行"插值"（实现对输出幅度的连续控制），以减轻射频输出信号中由电源突然转换引起的干扰。例如，在"不对称多电平异相（AMO）"中，异相被用作辅助控制手段，并且单个功率放大器可以由一组离散电源电压中的一个进行供电[46-47]。

离散电源调制的一个核心优势在于可以非常快速有效地调整电源电压（只需要一组直流电源和一个开关网络，无需非常高带宽的电源）。但其主要挑战在于需要精确协调的高速控制（通过辅助控制手段）来补偿电源电压的突然转换。

3. 其他控制方法

还有一些其他控制方法可用于开关模式射频应用。频率控制在射频应用中非常有效，其设计包括一个谐振电路，通过改变频率来调整增益和输出幅度。然而，在许多应用中，频率不是一个自由变量，它不仅受到电路规范的约束（如 ISM 频带限制），还被视为所需输出的一部分。突发模式（或开/关控制）中的功率放大器导通或关闭所需频率远低于其开关频率，这对于控制平均功率非常有效。上述模式可用于加热及功率转换等应用，但不适用于瞬时射频输出这种必须在某个所需的工作点持续工作的应用。占空比控制也可以用于某些开关功率放大器，尽管它有时可以作为有效的辅助控制手段[48]，但通常仅在非常有限的调制范围内有效。此外，系统的结构或"参数"调制也可以用于某些开关功率放大器（例如，有效的可调谐组件可实现放大器的增益变化/负载调制）[49]，但该方法尚未得到深入探索。当然，根据实际情况，也可以有效地将以上方法结合起来应用。

4. 负载阻抗变化

虽然以上的大部分讨论中都给定了负载电阻，但在许多应用中负载阻抗变化仍是一个重要问题，且会对功率放大器的设计产生重大影响。下面简要概述用于解决此问题的几种技术。一种广泛用于微波应用的技术是将循环器或隔离器等非互易设备作为系统的一部分，这保证了功率放大器具有特定的负载阻抗。然而，负载阻抗的偏差会导致功率传输到其他输出端，通常是传输到"隔离"电阻。虽然通过整流器可能使能量恢复，但是在"隔离"电阻上会有功率损失。"平衡"放大器结构也是如此[50]。

既能管理负载阻抗变化又不会导致功率损失的一种潜在方法是使用"可调谐阻抗匹配网络（TMN）"进行动态调整，以将变化的负载阻抗匹配到功率放大器所需的阻抗[51]。另一种方法是使用固定匹配网络将负载阻抗范围映射到功率放大器可接受的不同范围[5]。在控制负载结构的应用中，可以使用电阻压缩网络（RCN）技术来确保负载变化被压缩到可接受的范围内[52-54]。另外，还可以构建一种功率放大器系统，通过负载调制实现负载变化的动态调整，这在很大程度上可以使用负载调制以调整固定负载阻抗的输出功率。实际上，文献[31]中的方法是将漏极调制和异相调制结合起来使用，将负载变化调整到组成系统的开关模式功率放大器可接受的范围内。尽管如此，如何有效地解决开关模式放大器系统中的负载阻抗变化仍是一个开放的、非常具有潜在价值的研究领域。

8.3 高频磁设计

在高频（HF）到甚高频（VHF）频段的功率应用中，磁性材料是一个特殊的挑战。电力电子技术中的频率通常为数百千赫兹，其 Q 值较低且具有额外损耗，而传统射频设计方法设计出的装置的物理尺寸较大，且通常不会优先考虑效率。虽然可使用"现成商品"，但在高驱动电平以及整个频率范围内，可用的数据量较少。因此，经常需要定制化地设计磁器件。

设计中主要的挑战是如何优化磁芯损耗、绕组导体中的涡流损耗和绕组电容。在有些设计中，可以使用空气或其他非磁性材料，从而避免磁芯损耗。这种"空气磁芯"电感可以应用于许多高频（特别是超高频）设计。本节考虑绕组损耗效应，并将其应用到空芯设计中，然后通过添加磁芯来评估其改进方法，并对潜在的磁性材料进行调研。

除了电感外，变压器常用于隔离和转换。变压器设计中的问题将在 8.3.5 节中讨论。

8.3.1 高频绕组损耗

一个变化的磁场会产生一个电场，这个电场可以在环绕磁通线的导体中产生电流。在 HF 和 VHF 频率下，这种涡流可能会很严重，而良好的绕组设计可以约束这种涡流。

在数十到数百千赫兹范围内，当导体直径比电磁趋肤深度还小时，其涡流损耗可以忽略不计。趋肤深度 δ 的表达式如下：

$$\delta = \sqrt{\frac{\rho}{\pi f \mu}} \tag{8.2}$$

其中，ρ 为导体电阻率；f 为频率；μ 为导体的磁导率，通常等于自由空间的磁导率 μ_0，$\mu_0 = 4 \times 10^{-7} \pi$。例如，利兹线就使用了许多细线，每条线都比趋肤深度小得多，这些线相互绝缘并扭成一股，以限制由磁链导致的电流在股线之间循环[55]。在 HF 到 VHF 范围内，铜的趋肤深度在 3 MHz 时约为 40 μm，在 300 MHz 时约为 4 μm。尽管很容易获得直径为 40 μm 的电线，但要使导体直径远小于趋肤深度却很难，且利兹线在 HF 范围内的应用有限，即使采用文献[56]中讨论的绞线结构替代也是如此。

当难以获得远比趋肤深度薄的导体时，只能使用比趋肤深度厚的导体，在此情况下交流电只在导体表面趋肤深度区域内流动。如果电流均匀分布在该表面，则电阻可以表示为

$$R_u = \frac{l\rho}{\delta c} \tag{8.3}$$

其中，l 为路径长度，c 为导体的周长。然而在实际应用中，很难实现电流的均匀分布。一个孤立的圆柱形导体的表面通常具有均匀的电流密度，但其他形状的导体电流密度并不均匀，其附近的导体或磁性材料也可以改变电流分布并引入环流。因此，HF 和 VHF 范围内的绕组设计应侧重于将电流尽可能均匀地分布在导体表面，从而接近式(8.3)给出的电阻。

可以得出结论：与趋肤深度相比，厚导体表面的切向磁场 H 与表面电流密度 σ 相同，因此电流密度均匀性的设计目标可以转化为导体表面附近(与表面相切)场强的均匀性。由此还可得出：绕组应仅包含单层。面向最高场区的绕组表面的电流密度将足以支持该电场，任何额外的绕组层只会引入额外的、不必要的损耗。

假设有这样一个矩形导体，$\hat{y}$ 方向比 $\hat{x}$ 方向长，$\hat{z}$ 方向为电流方向，尽管比较难以实现，但依然可理想化地认为磁场 H 在整个导体表面相等。在图 8.24 中，充分利用两个长边，仍然可以得到式(8.3)所示的理想电阻。因此，在理想情况下，导体两侧的电场大小相等。此外，这些场的方向必须相反，如果它们的方向相同，则导体两端的电流方向相反，导体内的净电流为零。

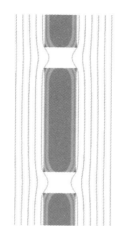

注：单层绕组在左右两侧具有相同的场强(用场强线密度表示)，使得矩形导体两侧具有相同的电流密度(彩色阴影)。由于每个匝的顶面和底面未充分利用，该电阻比式(8.3)给出的电阻大 47%。使用两个长边，匝间距离较小，将使电阻接近式(8.3)所示电阻的一半；如图所示，其电阻为式(8.3)中电阻的 55%。

图 8.24　场强和电流密度分布

尽管理想情况下导体两侧的场强相等，但实际上，更常见的是仅在导体的一侧或包含几匝或更多匝的单层绕组的一侧有更强的场强，使得电流主要集中在一个表面上流动。此时阻值近似为

$$R_1 = N \frac{l_1 \rho}{\delta w / N} = N^2 \frac{l \rho}{\delta w} \tag{8.4}$$

其中，w 是一个绕组的总宽度，N 是它的匝数，l_1 是一圈的长度。对于矩形导体，若平行于电场的导体尺寸远大于导体的厚度，且用约一半的表面来导电，则 $R_1 \approx 2R_u$。

因为电流在导体的表面流动，所以导体表面的材质十分重要。其中，表面粗糙度应小于趋肤深度[57]。这个问题在高频范围内很少发生，但在超高频范围内却是一个问题，因此最好选择表面光滑的导体或者进行表面抛光。有时还可以采用镀银的方法，因为银的电导率比铜高 6%～8%，同时趋肤深度还取决于这些材料的纯度。然而，由于增加电导率会降低趋肤深度，所以通过提高电导率的平方根，趋肤电阻可以改善 3%～4%。

8.3.2 空磁芯设计

空心电感器常见的几何形状包括螺线管、环面和平面螺旋。在选择这些电感器时要考虑交流电阻、制造的难易程度以及在没有磁芯情况下磁场的容纳性。如果外部磁场引起了 EMI 问题或在旁路导体中引起了过多的涡流，从而造成功率损失和电感降低，那么外部磁场就会成为一个关键问题。

在印刷电路板制程中很容易制造平面螺旋，但从外场抑制和交流电阻的角度来看，场的任何结构都会带来不利影响。磁场主要垂直于整个绕组的表面，在每一圈的边缘会产生高电流密度，导致无法有效利用较大的顶部和底部表面。

相比之下，环形线圈包含大部分磁场，几乎消除了与外部磁场相关的所有问题，是 HF 和 VHF 电感器的绝佳选择[58]。由于磁场被抑制且主要在导体的内表面上传导，这意味着电阻值接近 R_1，是 R_u 的两倍以上。与环形线圈不同，螺线管不可以控制磁场，但它具有更高的 Q 值，且制造更简单，因此对于许多应用来说也是不错的选择。

1. 空心磁环

环形空心电感器有多种制作方式。它可以简单地由电磁线缠绕在电介质芯上，然而这种结构会在外部浪费匝间空间，无法用于传导。对于理想形状的导体，其内径更窄，外径更宽，可以通过 3D 打印制作[59]或将导体沉积在电介质芯的整个表面上并切割窄缝以将其分成几圈[60]。另一种更加容易的制作方法是使用印刷电路板（PCB）工艺。PCB 工艺的限制包括工艺对层间垂直连接通孔几何形状的限制，以及磁通路径所需的矩形横截面的限制。由于紧密放置的通孔可以为垂直路径提供低电阻，因此，该限制影响较小。尽管磁通路径横截面的圆角允许电流路径轻微缩短，但文献[60]报道的结果仅实现了大约 8% 的改善。目前，高性能 PCB 环形电感已被广泛应用[61-62]。

具有多匝的空心环形电感是由与绕组包含的环形场相关的电感决定的。然而，在电流围绕环形线圈的单匝回路中，绕组外也有一个极向场（见图 8.25）。通过这两个分量可以准

确地估计出总电感，从而得到

$$L = \frac{N^2 h \mu_0}{2\pi} \ln\left(\frac{d_o}{d_i}\right) + \frac{d_i + d_o}{4}\mu_0\left[\ln\left(8\frac{d_o + d_i}{d_o - d_i}\right) - 2\right] \tag{8.5}$$

其中，d_i 为内径，d_o 为外径，h 为高度，N 为匝数[63]。

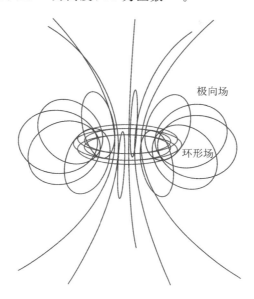

图 8.25　环形场和极向场示意图

　　假设电流路径在通孔处与磁场方向完全垂直，且顶部和底部表面是径向的，则可以得到电阻的初步估计值为

$$R_t = \frac{N^2 \rho}{2\pi\delta}\left(\frac{2h}{d_o} + \frac{2h}{d_i} + \ln\frac{d_o}{d_i}\right) \tag{8.6}$$

　　在文献[64]中，通过考虑匝间的剪切、上下表面匝数的对角线倾斜角度以及与外部极向场相关的外部表面电流的影响，获得了更为准确的电阻估计值。

　　在考虑式(8.6)中的影响因素时，对于较小的匝数，最大的影响因素是对角线倾斜因子，例如对角线倾斜因子可以每 5 匝使电阻增加 3 倍[64]。幸运的是，这一严重影响很容易减轻。如果环形绕组需要较少的匝数，则可以用一组相同匝数的并联绕组来实现，如图 8.26 所示，这大大减少了倾斜角度对电阻的影响。例如，采用两个并联绕组(每个绕组有 4 匝)的 4 圈电感，其倾斜程度相当于 8 圈绕组，与简单的 5 圈绕组相比，绕组损耗降低了 40%[65]。这种结构通过保持绕组的两端彼此分开来降低电容，并降低外部极向场。

　　需注意，电阻和电感都近似与匝数的平方呈正比。因此，电感和电阻之间的比值和品

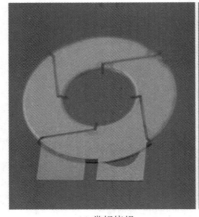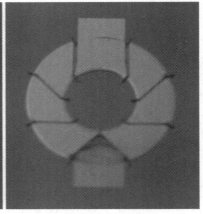

(a) 常规绕组　　　　　　　　　(b) 两个并联的4匝绕组

图 8.26　4 匝环形电感实现的两种方式

质因数 Q 均近似恒定，与匝数无关，只需要减少绕组匝数并使用并联绕组的方式来维持顶部与底部导体方向近似为径向。

2. 空心螺线管

空心螺线管通常用漆包线缠绕，且容易制造或购买。为避免浪费铜，在高功率情况下可以使用铜管而非实心线，使用铜管的另一个好处是可以采用液体冷却。螺线管可以通过印刷电路板工艺制造，其磁通路径平行于电路板。长螺线管的内部磁场比外部磁场强得多，且该磁场与其长侧中心附近的导体相切。这类似于空心环形线圈，其性能也相似。螺线管可以获得更高的 Q 值，但也会增大外部磁场，可以通过导电屏蔽抑制该磁场[66]。若螺线管的厚度比趋肤深度厚，将有效阻挡交流场，但如果没有足够的空间，螺线管的电感将降低，损耗会增加。因此，对于低的外部磁场通常使用环形线圈。

当螺线管足够长时，其内部磁场均匀，储能与体积呈正比，损耗与绕组表面积呈正比。这表明螺线管越短、越宽，其 Q 值越高。然而，这种设计可能会偏离长螺线管的理想化模型，因此能够平衡这两个影响因素的设计才是最佳设计[67-70]。

空心环形线圈和螺线管的性能差异取决于优化它们的具体条件，例如，在相同高度和面积约束条件下对两者的 PCB 设计进行优化，如果分配面积与板厚的平方（即 t^2）相比不是很大，则螺线管的 Q 值可以高出约 50%；但当分配的面积远大于 t^2 时，则螺线管的 Q 值没有比环形线圈更好。一个简单螺线管的自电容要比一个类似的简单环形线圈低得多，后者的电容主要由第一圈和最后一圈之间的电容决定。但是，如图 8.26 所示，使用并联线圈可以减少这种电容差异。

8.3.3　高频磁设计

相对磁导率为 μ_r 的理想无损磁性材料可使环形电感器的电感增加 μ_r 倍，从而使品质因数增大 μ_r 倍。如果磁芯中的损耗可以忽略不计，则可以通过减小匝数将电感值恢复到原有电感值；对于相同电感，可以使用磁芯将电阻降低至原来的 $1/\mu_r$。磁性材料在高频范围内的相对磁导率通常在 $10\sim100$ 范围内，可以显著改善电感性能。但磁性材料也会引入其自身的功率损耗，因此必须仔细考虑磁性材料的损耗。

在功率应用中，评估磁性材料性能的一个有效指标是"性能因子"，其定义为在特定损耗密度下峰值磁通密度和频率的乘积。在给定绕组 NI 积的情况下，性能因子与元件能处理的 VA 积呈正比。因此，性能因子可以用来评估磁性材料对功率的处理能力。文献[71]和[72]中测量了许多材料的性能因子。图 8.27 给出的性能因子数据包络图包括文献[71]和[72]、2013 年数据手册[73] 中商用材料以及近期引入或改进的 Fair-Rite（80 MnZn、67 MnZn 和 NiZn 铁氧体）和 Ferroxcube（3F46 MnZn 铁氧体）材料。虽然总体趋势是高频下的性能因子较高，但这种趋势不会一直存在，比如在 $10\sim20$ MHz 以上的频率下磁芯性能几乎没有优势。然而，磁性材料制造商才刚开始关注材料在高频范围内的功率应用，从目前已知的改进情况来看，未来进一步改进的空间很大。

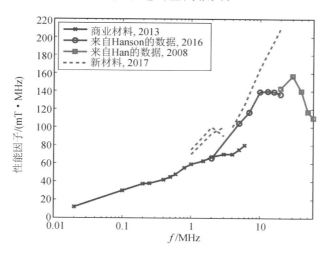

图 8.27　基于 500 mW/cm³ 损耗密度的商用磁性材料性能因子($B \cdot f$)

如果使用性能因子来选择工作频率，则可以将绕组性能变化作为频率的函数来产生一个修正的性能因子。考虑式(8.4)中单层绕组的趋肤效应限制了绕组损耗，对绕组设计进行适当的修正，可以得到改进的性能因子为 $B \cdot f^{0.75}$，如图 8.28 所示[71]。这表明磁性元件的性能对频率的依赖性较弱，可以根据其他考虑因素来选择工作频率。然而，在 VHF 范围内，磁性材料损耗极高，因此通常首选空心设计。对于空心设计，由于品质因数与频率的平方根呈正比，因此增加频率可以提高其有效性能[74]。

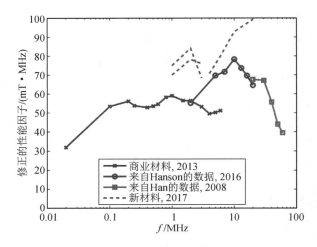

图 8.28　修正的性能因子 $B \cdot f^{0.75}$（考虑了绕组中的趋肤效应损耗）

8.3.4　磁芯设计

磁芯设计的关键在于平衡磁芯损耗和绕组损耗。在变压器中，匝数的选择直接影响绕组损耗和磁芯损耗。在电感器中，在保持所需电感值的同时改变匝数需要使用气隙，气隙长度因匝数的不同而异。据此可以假设：在没有气隙的情况下使用理想的匝数，电感总是存在过高的情况[71]。当磁芯损耗和绕组损耗相似时，总损耗最小，但通常最优的是绕组损耗略大于磁芯损耗。这可以用 Steinmetz 磁芯损耗模型来证明，在该模型中，每单位体积的磁芯损耗 $P_v = k \hat{B}^\beta$ 可以通过峰值交流通量密度 $\hat{B}$ 给出，其中 β 是一个经验值，通常在 $2\sim3$ 之间[75]。因此，当磁芯损耗为 $P_c \propto N^{-\beta}$ 且绕组损耗为 $P_w \propto N^2$ 时，绕组损耗和磁芯损耗的最优分布为 $P_w = \dfrac{2}{\beta} P_c$。

然而，就像使用磁芯一样，采用气隙会影响磁场分布。如 8.3.2 节所述，绕组区域的磁场分布对绕组损耗有重要影响。为使电流位于绕组表面从而获得低电阻，磁场必须与绕组表面平行，且其场强必须均匀。相反，气隙导致场强集中在一个区域，并导致有垂直于导体的弯曲场分量出现。因此，引入带气隙的磁芯可能会增加绕组损耗。然而通过精心设计，可使磁芯具有更接近理想情况的磁场，从而改善绕组损耗。

假设一个电感器有高磁导率磁芯和一个矩形绕组窗口，在磁芯的某柱状结构上存在一个气隙，在气隙附近会形成一个磁场区域，在这个区域内，任何导体材料都会产生显著的损耗。解决这一问题的一种方法是采用低磁导率材料制成的无磁阻的磁棒替换有气隙的磁柱，以达到与有气隙的高磁导率磁芯材料相同的磁阻和电感，这种方法通常称为"分布气隙"。采用该方法可以避免磁场集中和气隙造成的绕组损耗。采用矩形绕组窗口可以产生与低磁导率磁柱平行的磁场线，电流均匀地分布在面向低磁导率磁柱的绕组表面。

然而，如果根据损耗最小的标准来选择磁性材料，就不太可能有合适的低磁导率材料来避免气隙。低磁导率材料可以近似为多个小气隙，这些小气隙均匀地分布在磁柱上。这种方法称为"准分布式"气隙。如果气隙之间的距离（气隙间距）足够小，或者如果绕组间隔足够远（间距应不小于 1/4 的气隙间距），那么就可以接近分布式气隙的性能[76]。

虽然通常认为有气隙的磁芯会使绕组损耗比无气隙的磁芯更严重，但通过优化设计磁芯结构实际上可以减少绕组损耗。螺线管就是一个很好的例子。一个标准的空心螺线管在线圈的内表面比外表面的磁场更强，且主要通过该表面导电。采用高磁导率的磁芯时，由于磁棒的磁阻低，将导致绕组内部磁场短路。并且由于磁场在外表面更强，因此，绕组主要在外部导电。将磁导率调整到中间值可以平衡线圈内外表面的磁场强度，使两者都可用来导电。这可以通过文献[77]中的准分布气隙来完成，文中在 3 MHz 时 $Q=620$。

尽管 HF 和 VHF 范围内的大多数绕组设计都使用比趋肤深度更厚的导体，但箔更具有经济性，它比最薄最便宜的利兹线更薄。在 HF 到 VHF 范围内有效使用薄的箔金属还需克服许多挑战，其中的挑战之一是确保场线平行于箔层[78]。基于此类设计，一种方法是使用磁芯来调制磁力线，使其平行于箔层[79-81]。

8.3.5　变压器和阻抗转换

在典型的功率开关频率下，变压器设计在许多方面与电感设计相似，但比电感设计更容易。变压器设计通常不需要气隙，因此在气隙附近不存在场分布问题，并且可以使用交错来进一步减少邻近效应损耗。然而，在 HF 和 VHF 范围内，绕组之间的电容成为一个重要问题，特别是使用交错并且至少一个端口用于高电压或高阻抗的情况。此外，在应用中漏感成为一个重要的考虑因素，虽然交错以及紧密的绕组间距可以降低漏感，但也会导致极高的寄生电容。

尽管可以设计出与低频类似的 HF 和 VHF 变压器，但存在更加困难的约束和权衡条件。这时可以采用另一种方法（概念），即"传输线变压器"[82-84]，这可以帮助设计人员在设计中避免不利的电容效应。该方法是用成对导体制作绕组，这些导体充当具有明确定义的特性阻抗的传输线。当这种绕组用作匹配阻抗系统的一部分时，电容和电感不会限制带宽或降低信号完整性。阻抗转换可以通过在一端串联配置传输线并在另一端并联配置传输线来设计。这样做需要某些线路的两个导体都有浮地电位，可以将这种绕组缠绕在磁芯上，并提供共模扼流圈效应来实现。

虽然传输线变压器的方法与传统电力电子学中所采用的方法差异很大，但其物理实现通常也可以理解为一种自耦变压器，这种自耦变压器结构极好，可以尽可能减少有害寄生电容和漏感的影响。在相邻导体中使用反相电流可使邻近效应损耗最小化。因此，这是获得良好自耦变压器设计的一种方法，而不是作为良好自耦变压器设计的替代方案。

一种优秀的阻抗和电压转换方法是使用 LC 谐振匹配网络，该方法简单有效。但其中一个缺点是带宽有限，这种匹配网络的增益将随着开关频率远离谐振频率而变小，若将这个特性用于转换器控制，也会具有一些实用价值。尽管匹配网络的基本设计方法已经有几十年的历史，但直到最近才开发出降低损耗和最大化效率的设计方法[85]，该方法假设电感品质因数 Q 最大，并在此约束条件下选择匹配网络级数使效率最大化。文献[86]中有类似的分析认为磁性元件的限制因素是体积而不是 Q 值，并解释了实际上一个大电感可能比多个小电感具有更高的 Q 值。但这两种分析都将匹配网络级数间的阻抗限制为实数。如果去掉这个限制，就可以提高效率[87]。根据文献[86]选择级数可以得到近似最优设计，如果选择多级匹配网络，则可根据文献[87]进行更为详细的设计。

参 考 文 献

[1] MOLNAR B. Basic limitations on waveforms achievable in single-ended switching-mode tuned (Class E) power amplifiers[J]. IEEE Journal of Solid-State Circuits, 1984, 19(1): 144-146.

[2] OWEN E L. History [origin of the inverter][J]. IEEE Industry Applications Magazine, 1996, 2(1): 64-66.

[3] PRINCE D C. The inverter[J]. General Electric Review, 1925, 28(10): 676-681.

[4] I. T. U. (ITU), Radio regulations articles. Booklet (2016). ISM bands outlined in Article 5.150.

[5] HAMILL D C. Impedance plane analysis of class DE amplifier[J]. Electronics Letters, 1994, 30(23): 1905-1906.

[6] EL-HAMAMSY S A. Design of high-efficiency RF class-D power amplifier[J]. IEEE Transactions on Power Electronics, 1994, 9(3): 297-308.

[7] SOKAL N, SOKAL A. Class E—a new class of high-efficiency tuned single-ended switching power amplifiers[J]. IEEE Journal of Solid-State Circuits, 1975, 10(3), 168-176.

[8] KAZIMIERCZUK M K, CZARKOWSKI D. Resonant power converters[M]. New York: John Wiley & Sons, 2012.

[9] KAZIMIERCZUK M, PUCZKO K. Exact analysis of class E tuned power amplifier at any Q and switch duty cycle[J]. IEEE Transactions on Circuits and Systems, 1987, 34(2): 149-159.

[10] SOKAL N O. Class-E RF power amplifiers[J]. American Radio Relay League (ARRL), Qex, 2001, 204(1): 9-20.

[11] RIVAS J M, WAHBY R S, SHAFRAN J S, et al. New architectures for radio-frequency DC-DC power conversion[J]. IEEE Transactions on Power Electronics, 2006, 21(2): 380-393.

[12] RIVAS J M, JACKSON D, LEITERMANN O, et al. Design considerations for very high frequency dc-dc converters[C]//2006 37th IEEE Power Electronics Specialists Conference. IEEE, 2006: 1-11.

[13] PILAWA-PODGURSKI R C N, SAGNERI A D, RIVAS J M, et al. Very-high-frequency resonant boost converters[J]. IEEE Transactions on Power Electronics, 2009, 24(6): 1654-1665.

[14] ROSLANIEC L, JURKOV A S, BASTAMI A A, et al. Design of single-switch inverters for variable resistance/load modulation operation[J]. IEEE Transactions on Power Electronics, 2015, 30, 3200-3214.

[15] KEE S D, AOKI I, HAJIMIRI A, et al. The class-E/F family of ZVS switching amplifiers[J]. IEEE Transactions on Microwave Theory and Techniques, 2003, 51(6): 1677-1690.

[16] RIVAS J M, HAN Y, LEITERMANN O, et al. A high-frequency resonant inverter topology with low voltage stress[C]//2007 IEEE Power Electronics Specialists Conference. IEEE, 2007: 2705-2717.

[17] STEIGERWALD R L. Lossless gate driver circuit for a high frequency converter: U. S. Patent 5, 010, 261[P]. 1991-4-23.

[18] MAKSIMOVIC D. A MOS gate drive with resonant transitions[C]//PESC'91 Record 22nd Annual IEEE Power Electronics Specialists Conference. IEEE, 1991: 527-532.

[19] DWANE P, O'SULLIVAN D, EGAN M G. An assessment of resonant gate drive techniques for use in modern low power dc-dc converters[C]//Twentieth Annual IEEE Applied Power Electronics Conference and Exposition, 2005. APEC 2005. IEEE, 2005, 3: 1572-1580.

[20] GU L, LIANG W, RIVAS-DAVILA J. A multi-resonant gate driver for Very-High-Frequency (VHF) resonant converters[C]//2017 IEEE 18th Workshop on Control and Modeling for Power Electronics (COMPEL). IEEE, 2017: 1-7.

[21] HATTORI F, UMEGAMI H, YAMAMOTO M. Multi-resonant gate drive circuit of isolating-gate GaN HEMTs for tens of MHz[J]. IET Circuits, Devices & Systems, 2017, 11(3): 261-266.

[22] KOBAYASHI H, HINRICHS J M, ASBECK P M. Current-mode class-D power amplifiers for high-efficiency RF applications[J]. IEEE Transactions on Microwave Theory and Techniques, 2001, 49(12): 2480-2485.

[23] RAAB F. Idealized operation of the class E tuned power amplifier[J]. IEEE Transactions on Circuits and Systems, 1977, 24(12): 725-735.

[24] KACZMARCZYK Z, JURCZAK W. A push-pull class-E inverter with improved efficiency[J]. IEEE Transactions on Industrial Electronics, 2008, 55(4): 1871-1874.

[25] GLASER J S, RIVAS J M. A 500 W push-pull dc-dc power converter with a 30 MHz switching frequency [C]//2010 Twenty-Fifth Annual IEEE Applied Power Electronics Conference and Exposition (APEC). IEEE, 2010: 654-661.

[26] AOKI I, KEE S D, RUTLEDGE D B, et al. Distributed active transformer-a new power-combining

and impedance-transformation technique［J］. IEEE Transactions on Microwave Theory and Techniques，2002，50(1)：316-331.

［27］ JEON S，RUTLEDGE D B. A 2.7-kW，29-MHz class-E/F/sub odd/amplifier with a distributed active transformer［C］//IEEE MTT-S International Microwave Symposium Digest，2005. IEEE，2005：1927-1930.

［28］ SHINODA K，SUETSUGU T，MATSUO M，et al. Idealized operation of Class DE amplifier and frequency multipliers［J］. IEEE Transactions on Circuits and Systems. I：Fundamental Theory Applications，1998，45(1)：34-40.

［29］ ZULINSKI R，STEADMAN J. Idealized operation of class E frequency multipliers［J］. IEEE Transactions on Circuits and Systems，1986，33(12)：1209-1218.

［30］ INAM W，AFRIDI K K，PERREAULT D J. Variable frequency multiplier technique for high-efficiency conversion over a wide operating range［J］. IEEE Journal of Emerging and Selected Topics in Power Electronics，2016，4(2)：335-343.

［31］ PERREAULT D J. A new architecture for high-frequency variable-load inverters［C］//2016 IEEE 17th Workshop on Control and Modeling for Power Electronics (COMPEL). IEEE，2016：1-8.

［32］ BARTON T W，PERREAULT D J. Theory and implementation of RF-input outphasing power amplification［J］. IEEE Transactions on Microwave Theory and Techniques，2015，63(12)：4273-4283.

［33］ BARTON T. Not just a phase：outphasing power amplifiers［J］. IEEE Microwave Maganize，2016，17(2)：18-31.

［34］ CHIREIX H. High power outphasing modulation［J］. Proceedings of the Institute of Radio Engineers，1935，23(11)：1370-1392.

［35］ GODOY P A，PERREAULT D J，DAWSON J L. Outphasing energy recovery amplifier with resistance compression for improved efficiency［J］. IEEE Transactions on Microwave Theory and Techniques，2009，57(12)：2895-2906.

［36］ PERREAULT D J. A new power combining and outphasing modulation system for high-efficiency power amplification［J］. IEEE Transactions on Circuits and Systems. I：Regular. Papers，2011，58(8)：1713-1726.

［37］ BARTON T W，PERREAULT D J. Four-way microstrip-based power combining for microwave outphasing power amplifiers［J］. IEEE Transactions on Circuits and Systems. I：Regular Papers，2014，61(10)：2987-2998.

［38］ JURKOV A S，ROSLANIEC L，PERREAULT D J. Lossless multiway power combining and outphasing for high-frequency resonant inverters［C］//Proceedings of the 7th International Power Electronics and Motion Control Conference，2012：910-917.

［39］ BARTON T W，JURKOV A S，PEDNEKAR P H，et al. Multi-way lossless outphasing system based on an all-transmission-line combiner［J］. IEEE Transactions on Microwave Theory and Techniques，2016，64(4)：1313-1326.

［40］　KAHN L R. Single-sideband transmission by envelope elimination and restoration［J］. Proceedings of the IRE, 1952, 40(7): 803-806.

［41］　YAN J J, HSIA C, KIMBALL D F, et al. Design of a 4-W envelope tracking power amplifier with more than one octave carrier bandwidth［J］. IEEE Journal of Solid-State Circuits, 2012, 47(10): 2298-2308.

［42］　AITTO-OJA T. High efficiency envelope tracking supply voltage modulator for high power base station amplifier applications［C］//2010 IEEE MTT-S International Microwave Symposium. IEEE, 2010: 668-671.

［43］　RODRIGUEZ M, ZHANG Y, MAKSIMOVI　D. High-frequency PWM buck converters using GaN-on-SiC HEMTs［J］. IEEE Transactions on Power Electronics, 2014, 29(5): 2462-2473.

［44］　VASIC M, GARCIA O, OLIVER J Á, et al. Multilevel power supply for high-efficiency RF amplifiers［J］. IEEE Transactions on Power Electronics, 2010, 25(4): 1078-1089.

［45］　YOUSEFZADEH V, ALARCÓN E, MAKSIMOVIC D. Three-level buck converter for envelope tracking applications［J］. IEEE Transactions on Power Electronics, 2006, 21(2): 549-552.

［46］　GODOY P A, CHUNG S W, BARTON T W, et al. A 2.4-GHz, 27-dBm asymmetric multilevel outphasing power amplifier in 65-nm CMOS［J］. IEEE Journal of Solid-State Circuits, 2012, 47(10): 2372-2384.

［47］　GODOY P A, CHUNG S W, BARTON T W, et al. A highly efficient 1.95-GHz, 18-W asymmetric multilevel outphasing transmitter for wideband applications［C］//2011 IEEE MTT-S International Microwave Symposium. IEEE, 2011: 1-4.

［48］　CHUNG S W, GODOY P A, BARTON T W, et al. Asymmetric multilevel outphasing transmitter using class-E PAs with discrete pulse width modulation［C］//2010 IEEE MTT-S International Microwave Symposium. IEEE, 2010: 264-267.

［49］　NEMATI H M, FAGER C, GUSTAVSSON U, et al. Design of varactor-based tunable matching networks for dynamic load modulation of high power amplifiers［J］. IEEE Transactions on Microwave Theory and Techniques, 2009, 57(5): 1110-1118.

［50］　EISELE K, ENGELBRECHT R, KUROKAWA K. Balanced transistor amplifiers for precise wideband microwave applications［C］//1965 IEEE International Solid-State Circuits Conference. Digest of Technical Papers. IEEE, 1965: 18-19.

［51］　JURKOV A S, RADOMSKI A, PERREAULT D J. Tunable impedance matching networks based on phase-switched impedance modulation［J］. IEEE Transactions on Power Electronics, 2020, 35(10): 10150-10167.

［52］　AL BASTAMI A, JURKOV A, GOULD P, et al. Dynamic matching system for radio-frequency plasma generation［J］. IEEE Transactions on Power Electronics, 2018, 33(3): 1940-1951.

［53］　HAN Y, LEITERMANN O, JACKSON D A, et al. Resistance compression networks for radio-frequency power conversion［J］. IEEE Transactions on Power Electronics, 2007, 22(1): 41-53.

[54] BARTON T W, GORDONSON J M, PERREAULT D J. Transmission line resistance compression networks and applications to wireless power transfer[J]. IEEE Journal of Emerging and Selected Topics in Power Electronics, 2015, 3(1): 252-260.

[55] SULLIVAN C R, ZHANG R Y. Analytical model for effects of twisting on litz-wire losses[C]// 2014 IEEE 15th Workshop on Control and Modeling for Power Electronics (COMPEL). IEEE, 2014: 1-10.

[56] REESE B A, SULLIVAN C R. Litz wire in the MHz range: modeling and improved designs[C]// 2017 IEEE 18th Workshop on Control and Modeling for Power Electronics (COMPEL). IEEE, 2017: 1-8.

[57] HINAGA S, KOLEDINTSEVA M, ANMULA P, et al. Effect of conductor surface roughness upon measured loss and extracted values of PCB laminate material dissipation factor[C]//IPC APEX EXPO 2009. 2009: S20-2.

[58] SULLIVAN C R, HARBURG D V, QIU J, et al. Integrating magnetics for on-chip power: a perspective[J]. IEEE Transactions on Power Electronics, 2013, 28(9): 4342-4353.

[59] LIANG W, RAYMOND L, RIVAS J. 3-D-printed air-core inductors for high-frequency power converters[J]. IEEE Transactions on Power Electronics, 2016, 31(1): 52-64.

[60] SULLIVAN C R, LI W, PRABHAKARAN S, et al. Design and fabrication of low-loss toroidal air-core inductors[C]//2007 IEEE Power Electronics Specialists Conference. IEEE, 2007: 1754-1759.

[61] ZULAUF G, LIANG W, RIVAS-DAVILA J. A unified model for high-power, air-core toroidal PCB inductors[C]//2017 IEEE 18th Workshop on Control and Modeling for Power Electronics (COMPEL). IEEE, 2017: 1-8.

[62] ORLANDI S, ALLONGUE B A, BLANCHOT G, et al. Optimization of shielded PCB air-core toroids for high-efficiency DC-DC converters[J]. IEEE Transactions on Power Electronics, 2011, 26(7): 1837-1846.

[63] RAMO S, WHINNERY J R, VAN DUZER T. Fields and waves in communication electronics[M]. New York: John Wiley & Sons, 1994.

[64] QIU J, HARBURG D V, SULLIVAN C R. A toroidal power inductor using radial-anisotropy thin-film magnetic material based on a hybrid fabrication process[C]//2013 Twenty-Eighth Annual IEEE Applied Power Electronics Conference and Exposition (APEC). IEEE, 2013: 1660-1667.

[65] QIU J, HANSON A J, SULLIVAN C R. Design of toroidal inductors with multiple parallel foil windings[C]//2013 IEEE 14th Workshop on Control and Modeling for Power Electronics (COMPEL). IEEE, 2013: 1-6.

[66] SIMPSON T L. Effect of a conducting shield on the inductance of an air-core solenoid[J]. IEEE Transactions on Magnetics, 1999, 35(1): 508-515.

[67] MEDHURST R G. HF resistance and self-capacitance of single-layer solenoids[J]. Wireless Engineer, 1947, 24. enoids. Part 1, 24(2): 35-43, Part 2 24(3): 80-92.

[68]　MEDHURST R G. Q of solenoid coils[J]. Wireless Engineer，1947，24(9)：281.

[69]　CALLENDAR M. Q of solenoid coils[J]. Wireless Engineer (Correspondence)，1946，24(6)：185.

[70]　LEE T H. Planar microwave engineering：a practical guide to theory，measurement，and circuits [M]. Cambridge：Cambridge university press，2004，chap. 6.

[71]　HANSON A J，BELK J A，LIM S，et al. Measurements and performance factor comparisons of magnetic materials at high frequency[J]. IEEE Transactions on Power Electronics，2016，31(11)：7909-7925.

[72]　HAN Y，CHEUNG G，LI A，et al. Evaluation of magnetic materials for very high frequency power applications[J]. IEEE Transactions on Power Electronics，2012，27(1)：425-435.

[73]　Ferroxcube. Soft Ferrites and Accessories，Data Handbook[J]. Ferroxcube International Holding B. V. Poland，2013.

[74]　PERREAULT D J，HU J，RIVAS J M，et al. Opportunities and challenges in very high frequency power conversion[C]//2009 Twenty-Fourth Annual IEEE Applied Power Electronics Conference and Exposition. IEEE，2009：1-14.

[75]　STEINMETZ C P. On the law of hysteresis[J]. Proceedings of the IEEE，1984，72(2)：197-221.

[76]　HU J，SULLIVAN C R. AC resistance of planar power inductors and the quasidistributed gap technique[J]. IEEE Transactions on Power Electronics，2001，16(4)：558-567.

[77]　YANG R S，HANSON A J，PERREAULT D，et al. A low-loss inductor structure and design guidelines for high-frequency applications[C]// IEEE Applied Power Electronics Conference，2018：579-586.

[78]　SULLIVAN C R. Layered foil as an alternative to litz wire：multiple methods for equal current sharing among layers [C]//2014 IEEE 15th Workshop on Control and Modeling for Power Electronics (COMPEL). IEEE，2014：1-7.

[79]　STEIN A L F，KYAW P A，SULLIVAN C R. High-Q self-resonant structure for wireless power transfer[C]//2017 IEEE Applied Power Electronics Conference and Exposition (APEC). IEEE，2017：3723-3729.

[80]　KYAW P A，STEIN A L F，SULLIVAN C R. High-Q resonator with integrated capacitance for resonant power conversion[C]//2017 IEEE Applied Power Electronics Conference and Exposition (APEC). IEEE，2017：2519-2526.

[81]　KYAW P A，STEIN A L F，SULLIVAN C R. Fundamental examination of multiple potential passive component technologies for future power electronics [J]. IEEE Transactions on Power Electronics，2018，33(12)：10708-10722.

[82]　TRASK C. Transmission line transformers：theory，design and applications—part 1[J]. High Frequency Electronics，2005，4(12)：46-53.

[83]　TRASK C. Transmission line transformers：theory design and applications-part 2[J]. High Frequency Electronics，2006，5(1)：26-32.

［84］ MACK R A，SEVICK J. Sevick's transmission line transformers：theory and practice［M］. Scitech Publishing imprint of the IET，2014.

［85］ HAN Y，PERREAULT D J. Analysis and design of high efficiency matching networks［J］. IEEE Transactions on Power Electronics，2006，21(5)：1484-1491.

［86］ KYAW P A，Stein A L F，Sullivan C R. Analysis of high efficiency multistage matching networks with volume constraint［C］//2017 IEEE 18th Workshop on Control and Modeling for Power Electronics (COMPEL). IEEE，2017：1-8.

［87］ KUMAR A，SINHA S，SEPAHVAND A，et al. Improved design optimization approach for high efficiency matching networks［C］//2016 IEEE Energy Conversion Congress and Exposition (ECCE). IEEE，2016：1-7.